U0315924

电站金属部件
焊接修复与表面强化

刘晓明　编著

北　京
冶　金　工　业　出　版　社
2021

内 容 提 要

本书介绍了电站金属部件修复与强化时采用的焊接、堆焊、热喷涂、电刷镀、电火花沉积等常用方法，系统分析了电站金属部件所用低碳钢、低合金钢、耐热钢、不锈钢的焊接方法、焊接工艺、焊接预热及焊后热处理工艺，介绍了铸钢、铸铁件的焊接、热处理及检验工艺，阐述了利用表面工程技术手段修复受热面管道、典型转动部件的腐蚀、磨损问题，重点结合工程实际案例，对焊接修复与表面强化的方法及工艺要点进行全面总结；对纳米喷涂材料的制备方法、纳米涂层的制备及测试进行了系统论述，为利用纳米技术实施电站金属部件表面强化提供理论指导和工程实践参考。

本书可供电站金属监督人员、焊接技术人员、焊工等阅读，也可供高等院校材料科学与工程、表面工程及相关专业师生参考。

图书在版编目 (CIP) 数据

电站金属部件焊接修复与表面强化/刘晓明编著 . —北京：冶金工业出版社，2021. 7
ISBN 978-7-5024-8855-0

Ⅰ. ①电… Ⅱ. ①刘… Ⅲ. ①电站—零部件—焊接—金属表面处理 Ⅳ. ①TM62

中国版本图书馆 CIP 数据核字 (2021) 第 130435 号

出 版 人 苏长永
地　　址 北京市东城区嵩祝院北巷 39 号　邮编 100009　电话 (010)64027926
网　　址 www. cnmip. com. cn　电子信箱 yjcbs@ cnmip. com. cn
责任编辑 杜婷婷　美术编辑 吕欣童　版式设计 禹　蕊
责任校对 梁江凤　责任印制 禹　蕊
ISBN 978-7-5024-8855-0
冶金工业出版社出版发行；各地新华书店经销；三河市双峰印刷装订有限公司印刷
2021 年 7 月第 1 版，2021 年 7 月第 1 次印刷
710mm×1000mm　1/16；9.75 印张；188 千字；145 页
59. 00 元
冶金工业出版社　投稿电话　(010)64027932　投稿信箱　tougao@cnmip. com. cn
冶金工业出版社营销中心　电话　(010)64044283　传真　(010)64027893
冶金工业出版社天猫旗舰店　yjgycbs. tmall. com
(本书如有印装质量问题，本社营销中心负责退换)

前　言

随着电站容量的增加及运行参数的升高,电站金属部件修复的难度越来越大。受热面管道、铸钢铸铁部件、典型转动部件作为电站频繁修复的金属部件,在焊接技术、堆焊技术、热喷涂技术、电刷镀技术和电火花沉积技术这几种常用方法中选择恰当的修复方法、配备恰当的修复材料、制定并严格执行恰当的修复工艺至关重要。不仅如此,传统微米级方法已经无法完全满足电站快速发展带来的新要求,纳米表面强化方法因其能够显著改善电站金属部件的组织结构并赋予这些部件新的性能而成为表面强化方法未来的发展趋势。本书阐述了纳米喷涂材料的制备方法,综合对比微米、纳米复合涂层的综合性能,为电站金属部件修复提供纳米表面强化方法,对工程实际应用具有重要意义。

本书以工程实际应用案例为基础,重点叙述了电站金属部件修复与强化过程中的方法要点。全书共分6章,第1章主要介绍了电站金属部件修复与强化常用的几种方法及特点;第2章介绍了电站受热面所用钢种典型失效形式、更换时所用焊接工艺及防腐防磨修复时所用热喷涂工艺;第3章主要介绍了铸钢、铸铁部件修复时的焊接及热处理、检验工艺;第4章主要介绍了典型转动部件汽轮机叶片、轴、磨煤辊、风机叶片等,利用焊接、堆焊、热喷涂、电刷镀、电火花沉积等手段修复与强化时的具体工艺;第5章介绍了纳米表面工程的特点、纳米团聚造粒方法的特点及应用、纳米涂层常用试验方法;第6章介绍了新型纳米涂层的制备工艺,综合对比纳米涂层性能特点,结合工程实际应用案例说明了表面强化效果。

感谢北京航空航天大学郭洪波教授、国网内蒙古东部电力有限公司徐润生教授级高级工程师、内蒙古工业大学董俊慧教授给予的指导和帮助。本书是在内蒙古电力科学研究院领导的大力支持下编写完成的，在编写过程中，得到了院设备材料技术中心、金属材料技术研究所、表面工程技术研究所提供的技术资料和鼎力协助；内蒙古自治区涂层与薄膜重点实验室提供了技术指导与支持；内蒙古工业大学马文教授、内蒙古电力科学研究院杨月红正高级工程师、内蒙古能源发电金山热电有限公司闫侯霞高级工程师参与了本书的编写工作。书中参考了一些专家的著作，引用了其中的观点，借鉴了同行的经验，在此一并表示衷心的感谢！

　　由于作者水平所限，书中疏漏与不足之处，恳请读者批评指正。

内蒙古电力科学研究院　　刘晓明

2021 年 2 月

目　　录

1 常用修复与强化方法

电站金属部件的治理方法很多，可应用到不同的治理场合中。其中，常用的修复与强化方法包括焊接技术、堆焊技术、热喷涂技术、电刷镀技术和电火花沉积技术。本章主要介绍常用修复与强化方法的特点、类别、所用材质以及应用范围，为利用上述方法实施电站金属部件的焊接修复与表面强化提供方法保证。

1.1 焊接技术

1.1.1 焊接技术概述

被焊工件的材质通过加热或加压或两者并用，用或不用填充材料，使工件的材质达到原子间的结合而形成永久性连接的工艺过程称为焊接。

定义掌握三个要点：一是材料，可以是金属、非金属，可以是同种材料、异种材料；二是达到原子间的结合；三是永久性。

在各种产品的制造过程中，焊接是一个非常重要的加工工序。焊接不仅可以连接碳钢、低合金钢、耐热钢、不锈钢等钢种，还可以连接铸钢、铸铁等特殊金属材料，因此广泛应用于各种金属零件的修复与强化。随着科学技术的发展，电站金属部件的焊接工艺不断完善。到目前为止，已有数十种焊接方法。在生产中选择焊接方法时，不仅要了解各种焊接方法的特点和适用范围，还要考虑产品的要求，根据产品的结构、材料和生产工艺进行选择。

1.1.2 焊接方法分类及选择

从焊接方法上分，焊接可分为以下三类：

（1）熔化焊：包括电弧焊（手工电弧焊、埋弧焊、气电焊）、气焊、电渣焊、等离子焊、空电子束焊、激光焊。

（2）压力焊：包括摩擦焊、接触焊（点焊、对焊、闪光焊、缝焊等）、超声波焊、扩散焊。

（3）钎焊：真空钎焊、火焰钎焊、感应钎焊等。

在电站金属部件焊接方法中，常用的方法有手工电弧焊和钨极氩弧焊。

1.1.2.1 手工电弧焊

手工电弧焊（Shielded Metal Arc Welding，SMAW）是用手工操纵焊条进行焊

接的电弧焊方法。手工电弧焊，在焊条末端和工件之间燃烧的电弧所产生的高温使焊条药皮、焊芯及工件熔化，熔化的焊芯端部迅速形成细小的金属熔滴，通过弧柱过渡到局部熔化的工件表面，融合一起形成熔池，药皮熔化过程中产生的气体和熔渣不仅使熔池和电弧周围的空气隔绝，而且和熔化了的焊芯、母材发生一系列冶金反应，保证所形成焊缝的性能。随着电弧以适当的弧长和速度在工件上不断地前移，熔池液态金属逐步冷却结晶，形成焊缝。焊条电弧焊的过程如图 1-1 所示。

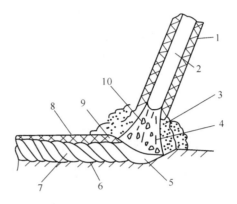

图 1-1　手工电弧焊的过程

1—药皮；2—焊芯；3—保护气体；4—电弧；5—熔池；6—母材；
7—焊缝；8—渣壳；9—熔渣；10—熔滴

手工电弧焊具有以下优点：

（1）设备简单，维护方便。手工电弧焊使用的交流和直流焊机都比较简单，焊接操作时不需要复杂的辅助设备，只需配备简单的辅助工具。这些焊机结构简单，价格便宜，维护方便，购置设备的投资少，这是它广泛应用的原因之一。

（2）不需要辅助气体防护。焊条不但能提供填充金属，而且在焊接过程中能够产生保护熔池和焊接处避免氧化的保护气体，并且具有较强的抗风能力。

（3）操作灵活，适应性强。手工电弧焊适用于焊接单件或小批量的产品，短的和不规则的、空间任意位置的以及其他不易实现机械化焊接的焊缝。凡焊条能够达到的地方都能进行焊接，可达性好，操作十分灵活。

（4）应用范围广，适用于大多数工业用金属和合金的焊接。选用合适的焊条不仅可以焊接碳素钢、低合金钢，而且还可以焊接高合金钢及有色金属；不仅可以焊接同种金属，而且可以焊接异种金属，还可以进行铸钢铸铁补焊和各种金属材料的堆焊等。

手工电弧焊有以下缺点：

（1）对焊工操作技术要求高，焊工培训费用大。手工电弧焊的焊接质量，除靠选用合适的焊条、焊接参数和焊接设备外，主要靠焊工的操作技术和经验保证，即手工电弧焊的焊接质量在一定程度上取决于焊工的操作技术。因此必须经常进行焊工培训，所需要的培训费用很大。

（2）劳动条件差。手工电弧焊主要靠焊工的手工操作和眼睛观察完成全过程，焊工的劳动强度大，并且始终处于高温烘烤和有毒的烟尘环境中，劳动条件比较差，因此要加强劳动保护。

（3）生产率低。手工电弧焊主要靠手工操作，并且焊接参数选择范围较小。另外，焊接时要经常更换焊条，并要经常进行焊道焊渣的清理；与自动焊相比，焊接生产率低。

（4）不适于特殊金属以及薄板的焊接。对于活泼金属（如 Ti、Nb、Zr 等）和难熔金属（如 Ta、Mo 等），由于这些金属对氧非常敏感，焊条的保护作用不足以防止这些金属氧化，保护效果不够好，焊接质量达不到要求，所以不能采用手工电弧焊；对于低熔点金属如 Pb、Sn、Zn 及其合金等，由于电弧的温度对其来讲太高，所以也不能采用手工电弧焊焊接。另外，手工电弧焊的工件厚度一般在 1.5mm 以上，1mm 以下的薄板不适于手工电弧焊。

由于手工电弧焊具有设备简单、操作方便、适应性强，能在空间任意位置焊接的特点，所以被广泛应用于电站金属部件修复与强化中，是应用最广泛的焊接方法之一。

1.1.2.2　钨极氩弧焊

钨极氩弧焊（Gas Tungsten Arc Weld，GTAW）是以钨或钨的合金作为电极材料，在惰性气体的保护下，利用电极与母材金属（工件）之间产生的电弧热熔化母材和填充焊丝的焊接过程。

钨极氩弧焊焊接过程示意图如图 1-2 所示。焊接时，惰性气体以一定的流量从焊枪的喷嘴中喷出，在电弧周围形成气体保护层将空气隔离，以防止大气中的氧、氮等对钨极、熔池及焊接热影响区金属的有害作用，从而获得优质的焊缝。当需要填充金属时，一般在焊接方向的一侧把焊丝送入焊接区、熔入熔池而成为焊缝金属的组成部分。

在焊接时所用的惰性气体有氩气（Ar）、氦气（He）或氩氦混合气体，在某些使用场合可加入少量的氢气（H_2）。用氩气保护的称钨极氩弧焊，用氦气保护的称为钨极氦弧焊，两者在电、热特性方面有所不同。由于氦气的价格比氩气高很多，故在工业上主要用钨极氩弧焊。

钨极氩弧焊的优点：

（1）惰性气体不与金属发生任何化学反应，也不溶于金属，使得焊接过程中熔池的冶金反应简单易控制。在惰性气体保护下焊接，不需使用焊剂就几乎可

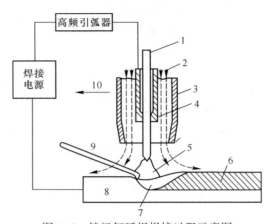

图 1-2　钨极氩弧焊焊接过程示意图
1—钨电极；2—惰性气体（氩氢）；3—气体喷嘴；4—电极夹；5—电弧；
6—焊缝金属；7—熔池；8—母材；9—焊丝送进；10—焊接方向

以焊接所有的金属，焊后不需要去除焊渣，为获得高质量的焊缝提供了良好条件。

（2）焊接工艺性能好，明弧，能观察电弧及熔池，即使在小的焊接电流下电弧仍然燃烧稳定。由于填充焊丝是通过电弧间接加热，焊接过程无飞溅，焊缝成型美观。

（3）钨极电弧非常稳定，即使在很小的电流情况下（<10A）仍可稳定燃烧，能进行全位置焊接，并能进行脉冲焊接，容易调节和控制焊接的热输入，适合于薄板或对热敏感材料的焊接。

（4）电弧具有阴极清理作用。电弧中的阳离子受阴极电场加速，以很高的速度冲击阴极表面，使阴极表面的氧化膜破碎并清除掉，在惰性气体的保护下，形成清洁的金属表面，又称为阴极破碎作用。当母材是易氧化的轻金属，如铝、镁及其合金作为阴极时这一清理作用尤为显著。

（5）热源和填充焊丝可分别控制，因而热输入容易调整，所以这种焊接方法可进行全位置焊接，也是实现单面焊双面成型的理想方法。

钨极氩弧焊的缺点及其局限性：

（1）熔深较浅，焊接速度较慢，焊接生产率较低。

（2）钨极载流能力有限，过大的焊接电流会引起钨极熔化和蒸发，其微粒可能进入熔池造成对焊缝金属的污染，使接头的力学性能降低，特别是塑性和冲击韧度的降低。

（3）惰性气体在焊接过程中仅仅起保护隔离作用，因此对工件表面状态要求较高。工件在焊前要进行表面清洗、脱脂、去锈等准备工作。

（4）焊接时气体的保护效果受周围气流的影响较大，需采取防风措施。

（5）采用的氩气较贵，熔敷率低，且氩弧焊机又较复杂；和手工电弧焊相比，生产成本较高。

钨极氩弧焊几乎可用于所有金属和合金的焊接，但由于其成本较高，通常多用于焊接不锈钢、耐热钢等。对于低熔点和易蒸发的金属（如铅、锡、锌），焊接较困难。对于某些厚壁重要构件（如压力容器及管道），在底层熔透焊道焊接、全位置焊接和窄间隙焊接时，为了保证底层焊接质量，往往采用氩弧焊打底。

1.1.3　焊接材料分类及选择

1.1.3.1　焊条分类及选择

焊条种类繁多，国产焊条约有几百种。在同一类型焊条中，根据不同特性分成不同的型号。某一型号的焊条可能有一个或几个品种，同一型号的焊条在不同的焊条制造厂往往可有不同的牌号。

A　焊条分类

焊条的分类方法很多，可以从不同的角度对焊条进行分类，不同国家焊条种类的划分、型号、牌号的编制方法等都有很大的差异。就电力金属部件修复与强化来讲，熔渣的酸碱性和焊条用途分类具有较大工程意义。

（1）按熔渣的酸碱性分类。在电力金属部件修复与强化中通常按熔渣的碱度（即熔渣中酸性氧化物和碱性氧化物的比例），可将焊条分为：酸性焊条和碱性焊条（又称低氢型焊条）两大类。熔渣以酸性氧化物为主的焊条称为酸性焊条。熔渣以碱性氧化物和氟化钙为主的焊条称为碱性焊条。在碳钢焊条和低合金钢焊条中，低氢型焊条（包括低氢钠型、低氢钾型和铁粉低氢型）是碱性焊条，其他涂料类型的焊条均属酸性焊条。

碱性焊条与强度级别相同的酸性焊条相比，其熔敷金属的延性和韧性高、扩散氢含量低、抗裂性能强。因此当产品设计或焊接工艺规程规定用碱性焊条时，不能用酸性焊条代替。但碱性焊条的焊接工艺性能（包括稳弧性、脱渣性、飞溅等）较差，对锈、水、油污的敏感性大，容易出现气孔、有毒气体和烟尘多，毒性也大。酸性焊条和碱性焊条的特性对比见表1-1。

表1-1　酸性焊条和碱性焊条的特性对比

序号	酸性焊条	碱性焊条
1	对水、铁锈的敏感性不大，使用前经100～150℃烘焙1h	对水、铁锈的敏感性较大，使用前经300～350℃烘焙1～2h
2	电弧稳定，可用交流或直流施焊	必须用直流反接施焊；药皮加稳弧剂后，可交、直流两用焊

序号	酸性焊条	碱性焊条
3	焊接电流较大	同规格比酸性焊条约小 10%
4	可长弧操作	必须短弧操作，否则易引起气孔
5	合金元素过渡效果差	合金元素过渡效果好
6	熔深较浅，焊缝成型较好	熔深稍深，焊缝成型一般
7	焊渣呈玻璃状，脱渣较方便	焊渣呈结晶状，脱渣不及酸性焊条
8	焊缝的常温、低温冲击韧度一般	焊缝的常温、低温冲击韧度较高
9	焊缝的抗裂性较差	焊缝的抗裂性好
10	焊缝的氢含量较高，影响塑性	焊缝的氢含量低
11	焊接时烟尘较少	焊接时烟尘稍多

（2）按焊条用途分类。焊条可分为：结构钢焊条、钼和铬钼耐热钢焊条、不锈钢焊条、堆焊焊条、低温铜焊条、铸铁焊条、镍和镍合金焊条、铜和铜合金焊条、铝和铝合金焊条和特殊用途焊条十大类，见表 1-2。

表 1-2　按焊条的用途分类

序号	焊条类型	代　号	
		拼音	汉字
1	结构钢焊条	J	结
2	铝及铬钼钢耐热钢焊条	R	热
3	铬不锈钢焊条	G	铬
	铬镍不锈钢焊条	A	奥
4	堆焊焊条	D	堆
5	低温钢焊条	W	温
6	铸铁焊条	Z	铸
7	镍及镍合金焊条	Ni	镍
8	铜及铜合金焊条	T	铜
9	铝及铝合金焊条	L	铝
10	特殊用途焊条	TS	特

B　焊条型号

焊条型号指的是国家规定的各类标准焊条。焊条型号是以焊条国家标准为依据，反映焊条主要特性的一种表示方法，型号应包括以下含义：焊条、焊条类别、焊条特点（如熔敷金属抗拉强度、使用温度、焊芯金属类型、熔敷金属化学组成类型等）、药皮类型及焊接电源。不同类型的焊条，型号表示方法不同，具体的表示方法和表达在各类焊条相对应的国家标准中均有详细规定。

C 焊条牌号

焊条牌号是焊条产品的具体命名，一般由焊条制造厂制定。

每种焊条产品只有一个牌号，但多种牌号的焊条可以同时对应于一种型号。焊条牌号是用一个汉语拼音字母或汉字与三位数字来表示，拼音字母或汉字表示焊条各大类；后面的三位数字中，前两位数字表示各大类中的若干小类，第三位数字表示各种焊条牌号的药皮类型及焊接电源种类，其含义见表1-3。

表1-3 焊条牌号第三位数字的含义

焊条牌号	药皮类型	焊接电源种类
□××0	不定型	不规定
□××1	氧化钛型	交流或直流
□××2	钛钙型	交流或直流
□××3	钛铁矿型	交流或直流
□××4	氧化铁型	交流或直流
□××5	纤维素型	交流或直流
□××6	低氢钾型	交流或直流
□××7	低氢钠型	直流
□××8	石墨型	交流或直流
□××9	盐基型	直流

D 常用钢材焊条选用

电站金属部件常用钢材选用的焊条见表1-4。

表1-4 常用钢号推荐使用的焊条

钢　号	焊条型号	对应牌号
Q235A	E4303	J422
20G	E4316	J426
20G	E4315	J427
Q345R	E5003	J502
Q345R	E5016	J506
Q345R	E5015	J507
15Mo3	E5015-A1	R107

续表 1-4

钢　号	焊条型号	对应牌号
12CrMoG	E5515-B1	R207
15CrMoG	E5515-B2	R307
10CrMo910	E6015-B3	R407
12Cr1MoVG	E5515-B2-V	R317
12Cr2MoWVTiB（钢 102）	E5515-B3-VWB	R347
12Cr3MoVSiTiB（Π11）	E5515-B3-VNb	R417
T91/P91	E9015-B9（AWS）	R717
T92/P92	E9015-G（AWS）	R727
X20CrMoV121（F12）	E2-11MoVNi-15	R817
10Cr17	E316-15	A207
12Cr13	E410-16	G202
	E410-15	G207
TP304H	E0-19-10-16	A102
TP347H	E0-19-10Nb-16	A132

1.1.3.2　焊丝分类及选择

钨极氩弧焊使用的焊丝多为实心焊丝。焊丝品种随所焊金属的不同而不同，目前已有碳素结构钢焊丝、低合金钢焊丝、耐热钢焊丝、不锈钢焊丝、镍基合金焊丝等。

焊丝牌号的字母 "H" 表示焊接用实心焊丝，字母 "H" 后面的数字表示碳的质量分数，化学元素符号及后面的数字表示该元素大致的质量分数。当元素的含量 $w(Me)<1\%$ 时，元素符号后面的 1 省略。有些结构钢焊丝牌号尾部标有 "A" 或 "E" 字母，"A" 表示为优质品，即焊丝的硫、磷含量比普通焊丝低；"E" 表示为高级优质品，其硫、磷含量更低。

焊丝表面应当干净光滑，除不锈钢焊丝、有色金属焊丝外，各种低碳钢焊丝和低合金钢焊丝表面最好镀铜，镀铜层既可起防锈作用，又可改善焊丝与导电嘴的接触状况。但耐蚀和核反应堆材料焊接用的焊丝是不允许镀铜的。

电站金属部件常用钢材选用的焊丝见表 1-5。

表 1-5　常用钢号推荐使用的焊丝

钢　号	焊丝牌号
Q235A	
20G	TIG-J50
Q345R	

钢　号	焊丝牌号
15Mo3	TIG-R10
12CrMoG	TIG-R30
15CrMoG	
10CrMo910	TIG-R40
12Cr1MoVG	TIG-R31
12Cr2MoWVTiB（钢102）	TIG-R34
12Cr3MoVSiTiB（Π11）	
T91/P91	TGS-9cb
T92/P92	ER90S-G（AWS）
X20CrMoV121（F12）	TIG-R81
10Cr17	H10Cr17
12Cr13	H12Cr13
TP304H	TIG-A10
TP347H	TIG-A34

1.2　堆焊技术

1.2.1　堆焊技术概述

　　堆焊是采用焊接方法将具有一定性能的材料熔敷在工件表面的一种工艺过程。其目的是对工件表面进行改性，以获得所需的耐磨、耐热、耐蚀等特殊性能的熔敷层，或恢复工件因磨损或加工失误造成的尺寸不足，这两方面的应用在表面工程学中称为修复与强化。

　　堆焊技术具有如下优点：

　　（1）可提高零件的使用寿命及耐磨、耐热、耐腐蚀等性能。

　　（2）由于堆焊制造了双金属层，从而节省了大量的合金材料，并获得优异的综合性能，使材料的利用更合理，进而降低了制造成本。

　　（3）缩短修理和更换零件时间，提高了生产率，降低了生产成本。

　　堆焊多属于熔焊范畴，堆焊时需考虑以下问题：

　　（1）必须分析零件服役条件及失效的原因，进而合理地选择堆焊金属层的材料，以便充分发挥堆焊层的功能。

　　（2）堆焊时必须减少母材在堆焊层中的熔入量，在焊材耗损较少的情况下就能达到所需的焊缝金属成分，即稀释率要低。

　　（3）为提高生产率，保证堆焊金属的质量，必须选择合适的焊接方法和正确的堆焊工艺。

目前堆焊已广泛应用于电力金属部件修复与强化。

手工电弧堆焊是电力金属部件修复应用最广泛的一种堆焊方法。随着焊接材料的发展和工艺方法的改进，应用范围更加广泛。例如：利用堆焊方法在风机叶片表面堆焊耐磨合金，可显著提高使用寿命。

自动明弧堆焊也在电力金属部件修复中广泛采用。相对于其他的堆焊修复工艺来说，自动明弧堆焊具有熔敷效率高、工艺简单、可控性强、综合成本低等特点，被广泛应用于电力磨煤辊修复。

1.2.2　堆焊合金分类及选择

为了适应电力金属设备复杂的应用工况，各种类型堆焊材料被研发、应用到生产实际中。为了能正确地选择堆焊材料，应该对堆焊材料进行合理的分类，材料的成分和组织结构对使用性能和应用范围起着决定性的作用。了解了各种材料的使用性能和应用范围之后，再根据堆焊修复的工艺条件和经济性，决定使用何种合金或堆焊材料产品（如焊条、带材、丝材、粉末等）；有时所选出的材料直接决定了焊接材料产品的形式（如粉末等），这时就需要根据材料的供应形式寻找合适的堆焊工艺。

一般地，将堆焊材料按其成分分为铁基、钴基、镍基、铜基合金即碳化物等几大类。

1.2.2.1　铁基合金

铁基合金是应用最广泛的一种堆焊合金，不仅仅是因为价格低廉、经济性好，而且经过成分、组织的调整，铁基合金可以在很大范围之内改变自身的强度、硬度、韧性、耐磨性、耐蚀性、耐热性和抗冲击性。由于合金含量和冷却速度的不同，铁基合金堆焊层的组织可以是珠光体、马氏体、奥氏体或莱氏体；成分和显微组织基本上决定了该合金的应用范围。当然，合金元素的加入也会使堆焊层产生某些特殊的性能。例如，W、Mo、V 和 Cr 可以使材料的高温性能得到提高。

（1）珠光体合金。珠光体钢实质上是合金成分不高的低碳钢，这类钢的含碳量较低（<0.25%），合金元素总量不超过 5%。因此，焊后得到珠光体组织（也包括索氏体和屈氏体），其硬度为 HRC 20～38。珠光体堆焊层由于硬度较低，耐蚀性也不佳，故常用于机械零件恢复尺寸时的打底层，意在提高堆焊的经济性或形成底层基体金属和顶层高合金在成分和性能上的良好过渡层。在少数情况下，珠光体堆焊层也可以直接用于对耐磨性要求不高的工件表面。

珠光体钢的焊接性良好，对稀释率的要求也不严。采用的工艺方法以手弧焊和熔化极自动堆焊为主。

手弧焊常用的珠光体堆焊焊条有 D102、D107、D112 和 D127 等。

（2）马氏体合金。在正常的焊接条件下，马氏体钢堆焊层的焊态组织为马氏体，其含碳量在 0.1% ~ 1.0% 之间，同时含有 Mn、Mo、Ni 等元素，使其具有"自淬硬"性能。根据淬硬性和冷却条件的不同，焊后组织在马氏体和马氏体+贝氏体之间变化。

马氏体钢堆焊层又可按其含碳量分为低碳、中碳和高碳马氏体三种堆焊层，其中 C≤0.3% 的为低碳马氏体，C=0.3% ~ 0.6% 的为中碳马氏体，C=0.6% ~ 1.0% 的为高碳马氏体。其硬度也随着含碳量和含合金量的变化而在 HRC 25 ~ 60 之间变化。马氏体钢堆焊层的硬度比珠光体钢高，而韧性和抗冲击性则较低。随着含碳量的增加，这种趋势越来越明显，耐磨性也有所提高。

马氏体钢堆焊层最理想的应用是在抗金属间磨损的场合，例如各种齿轮、轴类的堆焊，马氏体钢堆焊层的焊接性比珠光体钢差。因此，焊前对母材表面要进行除油除锈，对裂纹敏感性比较强的母材要考虑焊前预热和焊后热处理。马氏体钢的主要堆焊工艺方法是手工电弧堆焊和熔化极自动堆焊。手工电弧堆焊常用的焊条为 D167、D172、D207、D212、D227、D237 等，施焊前务必注意对焊条的烘干。低型焊条的烘干条件为 300 ~ 350℃×1h，钛钙型为 100℃×1h。熔化极自动堆焊根据工艺不同，可以选择不同供应形式的焊接材料（如粉芯焊丝、带材、丝材等），然后再选用低碳、中碳或高碳的不同成分。

（3）耐磨奥氏体合金。耐磨奥氏体合金主要分为高锰钢和铬锰钢两大类。典型高锰钢含 C 1.0% ~ 1.4%、Mn 10% ~ 14%；低铬锰奥氏体钢含 Cr 量不超过 4%，含 Mn 量在 12% ~ 15% 之间，并含有一些 Ni 和 Mo；高铬锰奥氏体钢堆焊层含 Cr 12% ~ 17%，含 Mn 约 15%。高锰钢和铬锰奥氏体钢在堆焊后具有相同的组织结构，均为奥氏体组织。焊态的硬度也相似，在 HB 200 ~ 250 之间，它们最显著的共同特点是加工硬化性能非常强。在受到较大的冲击载荷以后，表层硬度可达 HB 450 ~ 550。因此，耐磨奥氏体堆焊层对低应力磨粒磨损的抗力并不出众，但特别适合在有冲击的高应力磨粒磨损的场合中使用。其中，高铬锰奥氏体堆焊层还具有较好的耐蚀性和抗氧化性。

高锰钢堆焊层的工艺性能比较好，但有时会出现热裂倾向。为此，推荐使用较小的线能量，例如 φ3.2mm 的焊条，施焊时焊接电流只要 70 ~ 90A 即可。在低合金钢基体上堆焊高锰钢和低铬锰奥氏体钢时，由于母材的稀释作用，会在焊层中出现马氏体脆化区，使堆焊层在冲击载荷下产生裂纹进而引起剥落。故建议在堆焊之前先用高合金奥氏体不锈钢打底作过渡，而高铬锰奥氏体堆焊层不必使用过渡层。

除上述铁基合金外，还有耐磨双相中锰合金、耐腐蚀合金以及高合金铸铁，被广泛应用在电力系统外其他行业中，在这里不一一赘述。

1.2.2.2　钴基合金

钴基合金本身具有耐蚀性、耐热性以及抗黏着磨损等性能。钴基合金主要有两大系列：第一系列是 Co-Cr-W-C 系，第二系列是 Co-Mo-Cr-Si 系。前者用 M_7C_3 型碳化物强化，使该系列的抗磨粒磨损性能得到提高；后者用拉弗斯相强化，在抗金属间磨损，例如齿轮啮合面的磨损方面性能优越。

钴基合金价格昂贵。一般情况下，优先选用铁基或镍基合金。由于钴基合金的耐蚀、耐热、耐磨性，在高温腐蚀、高温磨损等条件下可以考虑用钴基合金。例如，高温高压阀门、燃气轮机涡轮叶片等场合。

为了节约堆焊材料，降低稀释率，堆焊钴基合金时多采用氧-乙炔火焰堆焊或粉末等离子堆焊。个别情况下也用手工电弧堆焊，常用的 Co-Cr-W-C 系的堆焊材料有 RCoCrA（Co-Cr28-W4-C1.1 粉末或 D802 焊条），RCoCrB（Co-Cr29-W8-C1.35 粉末或 D812 焊条），RCoCrC（Co-Cr30-W12-C2.5 粉末或 D822 焊条）；常用的 Co-Mo-Cr-Si 系列中有 T-800 合金（Co-Mo28-Cr17-Si3）粉末等。

手工电弧堆焊时，宜采用直流反接、小电流短弧焊，并适当预热（$T \geqslant 300\,℃$）。焊后注意缓冷。

1.2.2.3　镍基合金

镍基合金中最常见的是 Ni-Cr-B-Si 系和 Ni-Cr-Mo-W 系，此外还有 Ni-Cr-Mo-C、Ni-Mo-Fe 和 Ni-Cr-W-Si 等系。

Ni-Cr-B-Si 系以高硬度的硼化铬作为强化相，有较高的耐低应力磨粒磨损能力，优良的耐腐蚀、耐热和抗高温氧化性能。该合金主要用于高温下低磨粒磨损和高温腐蚀的工况，但其抗冲击性能较差，应引起注意。

Ni-Cr-Mo-W 系主要用于耐腐蚀的场合，但也可作为高温耐磨材料。其强度高，韧性好，耐冲击，特别是可机械加工性能使其应用日趋广泛。

Ni-Cr-Mo-C 系堆焊层中含有碳化物，可作为钴基耐磨堆焊合金的代用品。

Ni-Mo-Fe 系（Ni-20Mo-20Fe）最适于在耐盐酸、耐碱的化工设备中应用。

镍基合金的堆焊工艺方法主要是氧-乙炔火焰堆焊（重熔）、粉末等离子堆焊和手工电弧堆焊，有时也用铸造焊丝 TIG 焊。镍基合金堆焊时一般无须预热，但要求用较小的线能量。粉末等离子堆焊时应仔细清理待焊表面，除尽锈和油污。

常用的镍基合金堆焊材料有 Ni337 焊条、F121、F122 粉末等。

1.2.2.4　铜基合金

铜基合金按成分可分为紫铜（纯铜）、黄铜（铜-锌合金）、青铜（铜-锡、铜-铝、铜-硅合金）和白铜（铜-镍合金）。

铜合金兼有在某些条件下良好的耐蚀性能和抗黏着磨损性能。黄铜和青铜在金属与金属间的磨损场合具有优良的性能，被广泛地用来修复电力辅机轴承表面；硅青铜和铝青铜耐海水腐蚀的能力很强，铝青铜还有抗气蚀的性能。铜基合金耐磨粒磨损和耐高温蠕变的能力差，且易受硫化物和氨盐的腐蚀，因而在电力高温部件中应用的相对较少。

惰性气体保护焊是堆焊铜合金时的首选工艺。其中，TIG焊适用于小零件、小面积的修复堆焊，MIG则适用于大厚度零件、大面积的堆焊。手工电弧堆焊也很常用，焊接时均推荐用较小的电流，以免母材过多地熔入堆焊层，造成使用性能的下降。

1.2.2.5　碳化物

碳化物以W的碳化物为主，还包括Ti、Mo、V、Ta和Cr的碳化物。它们的共同特点是硬度很高，其中碳化钨的应用最为普遍。

碳化钨的制造工艺分铸造和烧结两种。尽管碳化钨的熔点很高，但在电弧的直接作用下也会分解，所以不能用焊接技术堆焊纯的碳化钨。常用的方法是将碳化钨颗粒放进钢管或合金管内，然后制成电焊条或直接作为氧乙炔堆焊的填料；也可以将碳化钨放入镍基、钴基合金之中吹制成粉，以供等离子堆焊或氧-乙炔堆焊使用。

碳化物堆焊层是由基体（铁基、钴基、镍基或铜基合金）与嵌入其中的碳化物颗粒组成的复合材料。在严重的磨粒磨损场合，基体的强度非常重要，直接关系到堆焊层的整体耐磨性。

碳化物堆焊层的工艺方法主要是氧-乙炔火焰堆焊、手工电弧堆焊和粉末等离子堆焊。堆焊时，总的原则是不要使碳化物过热分解。例如，用氧-乙炔中性焰堆焊时，注意不要用焰芯加热合金颗粒。

1.2.2.6　选择堆焊合金的原则

选择堆焊合金的原则，是在满足使用要求、经济性和工艺可行性三个方面综合评判并做出合理的决断。

要满足使用要求，就必须首先对工况和工件的失效形式进行分析。要将造成失效的诸多因素一一列出，分清主次，辨明其间的相互作用。例如，同样是磨损，可细分为多种磨损形式，其中还可能有腐蚀介质的作用、温度的作用、氧化的作用等。

　　根据使用条件，选择堆焊合金的步骤如下：

　　（1）分析工作条件，确定失效类型及对堆焊层的要求。

　　（2）选择几种可供采用的堆焊合金。

　　（3）分析这些堆焊合金与基材的相容性，同时要考虑热应力和裂纹倾向的大小。

　　（4）堆焊零件的现场试验。

　　（5）根据使用寿命和成本进行评价，选出最佳方案。

　　（6）选择堆焊方法，制定堆焊工艺。

1.2.3　堆焊方法分类及选择

　　电力金属部件堆焊的方法很多，应用较为广泛的有手工电弧堆焊、埋弧自动堆焊、CO_2 气体保护堆焊以及自动明弧堆焊。

1.2.3.1　手工电弧堆焊

　　手工电弧堆焊的特点是设备简单、工艺灵活、不受焊接位置及工件表面形状的限制，因此成为最常见的一种堆焊方法。

　　堆焊是在工件表面的某一部位熔敷一层特殊的合金层，其目的是恢复被磨损、腐蚀了的零件尺寸，提高工作面的耐磨、耐蚀或耐热等性能。由于工件的工作条件十分复杂，堆焊时必须根据工件的材质及工作条件选用合适的焊条。例如，在磨损了的零件表面进行堆焊，通常要根据表面的硬度要求选择具有相同硬度等级的焊条；堆焊耐热钢、不锈钢零件时，要选择和基体金属化学成分相近的焊条，其目的是保证堆焊金属和基体有相近的性质。

　　在保证焊缝成型的前提下，堆焊电流的选择应以偏小为原则。这样做的好处是既可控制堆焊层的厚度，又可以保证堆焊金属不会被母材过度地稀释。

1.2.3.2　埋弧自动堆焊

　　埋弧自动堆焊电弧在焊剂下形成。由于电弧的高温作用，熔化了的金属形成的金属蒸气与焊剂蒸发形成的焊剂蒸气在焊剂层下形成了一个密闭的空腔，电弧就在此腔内燃烧。空腔上部的熔融态的焊剂隔绝了外部的大气。液态金属在腔内气体压力和电弧磁吹的共同作用下被排挤到熔池的后部，并在那里结晶；随金属一起流向熔池后部的熔渣，由于密度较小，在流动的过程中逐渐上浮并与液态金属相分离，最后形成覆盖在焊道表面的渣壳。

　　埋弧自动堆焊的堆焊层质量好。由于熔渣的保护，减少了空气中 N_2、H_2、O_2 对熔池的侵入；焊道的化学成分均匀，成型美观。埋弧焊还可以根据工作条件选择焊剂，向焊缝中过渡合金元素。例如在堆焊耐磨层时，可选用高硅高锰焊剂，使焊层成为高硅锰合金。

埋弧焊的生产效率很高，适于自动化生产。此外，工人的工作条件较好，无弧光威胁，粉尘量低。

埋弧焊的缺点是设备较为复杂，且焊接电流大，工件的热影响区也大，故不适于体积小、容易变形的机械零件的焊接。

埋弧堆焊常用的焊丝有 H08、H08A、H08Mn、H15、H15Mn 等。有些硬度高且耐磨性更好的焊丝如 H2Cr13、H3Cr13、H30CrMnSiA 和 H3Cr2W8V 也在可选之列。

1.2.3.3 CO_2 气体保护堆焊

CO_2 气体保护堆焊是采用 CO_2 气体作为保护介质的一种堆焊工艺。

CO_2 气体以一定的速度从喷嘴中吹向电弧区，形成了一个可靠的保护区，把熔池与空气隔开，防止 N_2、H_2、O_2 等有害气体侵入熔池，从而提高了堆焊层的质量。

CO_2 是一种氧化性气体，在焊接过程中对熔融金属中的 Fe、Si、Mn 等元素起氧化作用；生成的氧化物形成渣浮在焊层表面，在堆焊层冷却时收缩脱落。

CO_2 气体保护堆焊的主要优点是：由于 CO_2 的保护作用，堆焊层的质量好；CO_2 的氧化作用能抑制氢的危害，焊层中含氢量低，且对表面的油和锈不太敏感；由于电流密度高，电弧热量集中，工件的热变形小；堆焊层硬度高且均匀，焊层内的含碳量随 CO_2 气体流量的增加而增加；生产率高而成本低，表现在熔敷效率高、不需要清渣、CO_2 供应容易等方面。

这种工艺同时也有不少缺点。例如：其合金化手段是通过合金焊丝向焊层过渡，不利于调整焊层的化学成分；焊丝的化学成分对产生气孔和飞溅都比较敏感；由于电弧吹力较强，使熔合比增高；CO_2 的氧化性强，合金元素烧损严重等。

CO_2 气体保护堆焊所用的材料主要是 CO_2 气体和焊丝，它们是决定焊层质量和性能的主要因素。

CO_2 气体的标准是：CO_2 的纯度应大于99%，氧含量和水含量不大于0.1%。对质量要求高的焊缝，CO_2 的纯度应大于99.5%。

焊丝的成分应根据母材及对焊层的要求来选择。为了解决 CO_2 氧化性所引起的问题，如合金元素的烧损、气孔、飞溅等，焊丝必须具有足够的脱氧能力。常用的焊丝有 H08MnSi、H08MnSiA、H08Mn2SiA、H04Mn2SiTiA、H10MnSi、H10MnSiMo、H08MnSiCrMo、H08Cr3Mn2MoA 等。

1.2.3.4　自动明弧堆焊

自动明弧堆焊既不同于埋弧自动焊的焊剂保护，也不同于 CO_2 气体保护堆焊的气体保护，而是通过选用自保护粉芯焊丝完成保护，从而实现自动堆焊。自保护粉芯焊丝按照其是否产生熔渣可分为：渣保护和无渣自保护粉芯焊丝。渣保护粉芯焊丝通常是结构钢粉芯焊丝，在粉芯焊丝加入一定的组分，如 TiO、$CaCO_3$ 等，焊后需要大量人力进行清渣作业；相反，无渣自保护粉芯焊丝则主要由金属粉末组成，明弧堆焊时产生的渣极少，接近无渣，因而焊接时无需清渣，可连续进行焊接作业，具有熔敷效率高、节能等优点，但其仅用于堆焊生产。

相对于其他的堆焊修复工艺，自保护无渣明弧堆焊具有以下优点。

（1）熔敷效率高：自保护明弧堆焊可采用现有的埋弧焊机等设备，易实现自动化，焊丝熔敷效率高。

（2）工艺简单：焊前工件不需预热，只需进行简单的打磨或清洗，焊接过程中无需采取任何的保护措施，且采用金属粉芯焊丝进行多道堆焊时，焊道无需清渣，可进行连续作业。

（3）可控性强：明弧堆焊过程电弧可见，方便焊工对焊缝成型进行质量监控，以便调整焊接工艺。

（4）综合成本低：焊接过程中无需焊剂，也不需要复杂的供气设备，设备操作简单，能耗较低，且焊接工艺简单，节省工时。

1.3　热喷涂技术

1.3.1　热喷涂技术概述

热喷涂技术作为一种新的表面防护和强化工艺在近 20 多年里得到了迅速发展。在这个时期，热喷涂技术由早期制备一般的装饰性和防护性涂层发展到制备各种功能性涂层；由产品的维修发展到大批量的产品制造；由单一涂层发展到包括产品失效分析、表面预处理、喷涂材料和设备的选择、涂层系统设计和涂层后加工等在内的热喷涂系统工程。目前，热喷涂技术已成为材料表面领域中一个十分活跃的独立学科分枝。根据喷涂热源不同，热喷涂分为火焰喷涂、电弧喷涂与等离子喷涂等。火焰喷涂是最早得到应用的一种喷涂方法，主要用于制备耐蚀和耐磨涂层。电弧喷涂也适用于制备耐蚀耐磨涂层。等离子喷涂则广泛应用于耐蚀、耐磨、隔热、绝缘、抗高温涂层的制备。近些年来，热喷涂技术已向高能、高速方向发展。

1.3.2　氧-乙炔火焰喷涂与喷熔

火焰喷涂法是以氧-燃料气体火焰作为热源，将喷涂材料加热到熔化或半熔化状态，并高速喷射到经过预处理的基体表面上，从而形成具有一定性能的涂层的工艺。

燃料气体包括乙炔（燃烧温度 3260℃）、氢气（燃烧温度 2871℃）、液化石油气（燃烧温度约 2500℃）和丙烷（燃烧温度达 3100℃）等，乙炔和氧结合能产生较高的火焰温度。火焰喷涂法的另一发展是使用液体燃料，例如用重油和氧作为热源，粉末与燃料油混合，芯浮于燃料油中。此法与其他方法相比，粉末在火焰中有较高的浓度并分布均匀，热传导性更好。很多氧化物（例如氧化铝、氧化硅、富铝红柱石即 $Al_6Si_2O_{13}$）宜采用此法进行喷涂。

（1）氧-乙炔火焰丝材喷涂技术。以氧-乙炔作为加热金属丝材的热源，使金属丝端部连续被加热达到熔化状态，借助于压缩空气将熔化状态的丝材金属雾化成微粒，喷射到经过预处理的基体表面而形成牢固结合的涂层。图 1-3 为氧-乙炔焰丝材喷涂原理示意图。

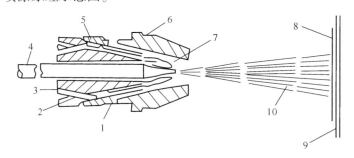

图 1-3　氧-乙炔焰丝材喷涂原理示意图

1—空气通道；2—燃料气体；3—氧气；4—丝材或棒材；5—气体喷嘴；
6—空气罩；7—燃烧的气体；8—喷涂层；9—制备好的基材；10—喷涂射流

氧-乙炔焰丝材喷涂的特点：与粉末材料喷涂相比，其装置简单、操作方便；容易实现连续均匀送料，喷涂质量稳定；喷涂效率高，耗能少；涂层氧化物夹杂少，气孔率低；对环境污染少。

（2）氧-乙炔火焰粉末喷涂技术。氧-乙炔火焰粉末喷涂也是采用氧-乙炔火焰作为热源，但喷涂材料采用粉末。图 1-4 为氧-乙炔火焰粉末喷涂原理图。喷涂粉末从喷枪上料斗通过进粉口漏到氧与乙炔的混合气体中，在喷嘴出口处粉末受到氧-乙炔火焰加热至熔融状态或达到高塑性状态后，喷射并沉积到经过预处理的基体表面，从而形成牢固结合的涂层。

氧-乙炔火焰粉末喷涂具有设备简单，工艺操作简便的优点，应用广泛。

（3）氧-乙炔火焰粉末喷熔技术。氧-乙炔火焰金属粉末喷熔的原理是以氧-乙炔火焰为热源，把自熔剂合金粉末喷涂在经过制备的工件表面上。在工件不熔化的情况下加热涂层，使其熔融并润湿工件，通过液态合金与固态工件表面的相

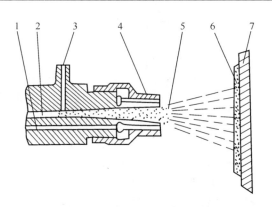

图1-4　氧-乙炔火焰粉末喷涂原理

1—氧-乙炔气体；2—粉末输送气体；3—粉末；4—喷嘴；5—火焰；6—涂层；7—基体

互熔解与扩散，形成一层呈冶金结合并具有特殊性能的表面熔敷层。

喷熔包括两个过程：一是喷涂过程，二是重熔过程。重熔过程的目的是要得到无气孔、无氧化物、与工件表面结合强度高的涂层。

1.3.3　电弧喷涂技术

电弧喷涂技术是20世纪80年代兴起的热喷涂技术。由于电弧喷涂设备的发展与更新，使它成为目前热喷涂技术中最受重视的技术之一。

（1）原理。电弧喷涂是以电弧为热源，将熔化了的金属丝用高速气流雾化，并以高速度喷到工件表面形成涂层的一种工艺。

喷涂时，两根丝状金属喷涂材料用送丝装置通过送丝轮均匀连续地分别送进电弧喷涂枪中的导电嘴内，导电嘴分别接电源的正、负极，并保证两根丝之间在未接触之前的可靠绝缘。当两根金属丝材端部由于送进而互相接触时，在端部之间短路并产生电弧，使丝材端部瞬间熔化并用压缩空气把熔化金属雾化成微熔滴，以很高的速度喷射到工件表面，形成电弧喷涂层（见图1-5）。

（2）电弧喷涂技术有如下特点。

1）其涂层能达到高结合强度和优异的涂层性能。应用电弧喷涂技术，可以在不提高工件温度、不使用贵重底层材料的情况下获得高的结合强度，结合强度大于20MPa。一般电弧喷涂层的结合强度是火焰喷涂层的2.5倍。

2）效率高，表现在单位时间内喷涂金属的质量大。电弧喷涂的生产效率正比于电弧电流，比火焰喷涂提高2～6倍。

3）电弧喷涂的节能效果十分突出。其能源利用率显著高于其他喷涂方法，能源费用降低50%以上。

4）电弧喷涂是十分经济的热喷涂方法。它的能源利用率很高，加之电能的

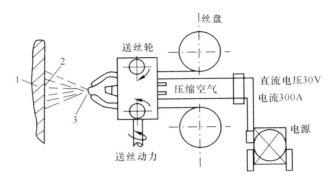

图1-5　电弧喷涂原理示意图

1—工件；2—涂层；3—电弧

价格又远低于氧气和乙炔，其费用通常仅为火焰喷涂的1/10。

5）电弧喷涂技术仅使用电和压缩空气，不用氧气、乙炔等易燃气体，安全性高。

由于电弧喷涂具有上述特点，使它在近20年间获得迅速发展，在国际上已逐步部分取代火焰喷涂和等离子喷涂。据有关资料统计，到21世纪末，在所有热喷涂技术中，电弧喷涂的市场比例将占第三位。

（3）电弧喷涂材料。电弧喷涂材料主要有有色金属线材（由铝、锌、铜、钼、镍等金属及其合金制成）和黑色金属线材（由碳钢、不锈钢等制成）。目前，国内外试用2～3mm的管状丝材，在管丝内填充上所需的合金粉末，然后在电弧喷涂机上对待喷的工件进行喷涂，获得合金喷涂层。

1）锌及锌合金。锌为银白色金属，在大气中或水中具有良好的耐腐蚀性，而在酸、碱、盐中不耐腐蚀。当水中含有二氧化硫时，它的耐腐蚀性能也很差。

在锌中加入铝可以提高喷涂后的耐腐蚀性能，因此目前也大量使用 Zn-Al 合金喷涂材料。

锌喷涂层已广泛应用于室外露天的钢铁构件，如水门闸、桥梁、铁塔和容器等。

2）铝及铝合金。铝用作防腐蚀喷涂层时，作用与锌相似。它与锌相比，密度小，价格低廉，在含有二氧化硫的气体中耐腐蚀效果比较好。在铝及铝合金中加入稀土元素不仅能提高涂层的结合强度，而且可降低孔隙率。

铝还可以用作耐热喷涂层。铝在高温作用下，能在铁基体上扩散，与铁发生作用形成抗高温氧化的 Fe_3Al，从而提高了钢材的耐热性。

铝喷涂层已广泛用于贮水容器、硫黄气体包围中的钢铁构件、食品贮存器、燃烧室、船体和闸门等。

3）铜及铜合金。纯铜主要用作电器开关和电子元件的导电喷涂层及塑像、工艺品、水泥等建筑表面的装饰喷涂层。

　　黄铜喷涂层广泛用于修复磨损及加工超差的零件，修补有铸造砂眼、气孔的黄铜铸件，也可作为装饰喷涂层使用。

　　铝青铜的结合强度高，抗海水腐蚀能力强，并具有很好的耐腐蚀疲劳和耐磨性；主要用于修复水泵叶片、气闸阀门、活塞、轴瓦，也可以用来修复青铜件及装饰喷涂层。

　　4）镍及镍铬合金。镍合金中用作喷涂材料的主要为镍铬合金。这类合金具有非常好的抗高温氧化性能，可在880℃高温下使用，是目前应用很广的热阻材料。镍铬合金还耐水蒸气、二氧化碳、一氧化碳、氨、醋酸及碱等介质的腐蚀，因此镍铬合金被大量用作耐腐蚀及耐高温热喷涂层。例如，采用45CT（45% Cr，4% Ti，其余为 Ni）丝材电弧喷涂锅炉管道取得了良好效果。不锈钢丝材电弧喷涂能够获得良好的耐磨防腐涂层。

　　5）钼。钼在喷涂中常作为黏结底层材料使用，还可以用作摩擦表面的减摩工作涂层，如活塞环、刹车片、铝合金气缸等。

　　6）碳钢和低合金钢。碳钢和低合金钢是广泛应用的电弧喷涂材料，它具有强度较高、耐磨性好、价格低廉等特点。电弧喷涂过程中碳和合金元素易烧损，易造成涂层多孔和氧化物夹渣，使涂层性能下降，因此应采用碳元素较高的碳钢，以弥补碳元素的烧损。

　　7）管状丝材（粉芯丝材）。3Cr13、4Cr13、7Cr13 等管状丝材可作为耐磨喷涂材料，并且具有良好的抗高温稳定性。

1.3.4　等离子弧喷涂

1.3.4.1　概述

　　等离子弧喷涂是以等离子弧为热源的热喷涂。等离子弧是一种高能密束热源，电弧在等离子喷枪中受到压缩，能量集中，其横截面的能量密度可提高到105～106W/cm，弧柱中心温度可升高到15000～33000K。在这种情况下，弧柱中气体随着电离度的提高面成为等离子体，这种压缩型电弧为等离子弧。根据电源的不同接法，等离子弧主要有下述三种形式（见图1-6）。

　　（1）非转移型等离子弧。非转移型等离子弧简称为非转移弧［见图1-6(a)］，它是在接负极的钨极与接正极的喷嘴之间形成的，而工件不带电。等离子弧在喷嘴内部不延伸出来，但从喷嘴中喷射出高速焰流。非转移弧常用于喷涂、表面处理及焊接或切割较薄的金属或非金属。

　　（2）转移型等离子弧。转移型等离子弧简称为转移弧［见图1-6(b)］，它是在接负极的钨极与接正极的工件之间形成的，在引弧时要先用喷嘴接电源正极，产生小功率的非转移弧，而后工件转接正极将电弧引出去，同时将喷嘴断

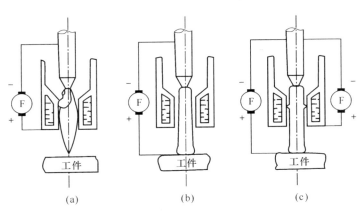

图 1-6 等离子弧的三种形式

（a）非转移弧；（b）转移弧；（c）联合弧

电。转移弧有良好的压缩性，电流密度和温度都高于同样焊枪结构和功率的非转移弧。转移弧主要用于切割、焊接及堆焊。

（3）联合型等离子弧。联合型等离子弧由转移弧和非转移弧联合组成［见图 1-6(c)］，它主要用于电流在 100A 以下的微弧等离子焊接，以提高电弧的稳定性。在用金属粉末材料进行等离子堆焊时，联合型等离子弧可以提高粉末的熔化速度而减少熔深和焊接热影响区。

等离子弧的特点：

（1）温度高，能量集中。图 1-7 是对 400A 非转移型等离子弧温度的测量结果（氩气流量为 10L/min）。由图 1-7 可见，在喷嘴出口处中心温度已达到了 20000K。

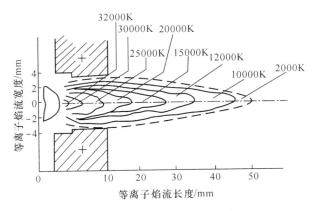

图 1-7 一种非转移弧的温度

等离子弧温度高、能量集中的特点有很大的应用价值。在喷涂或焊接、堆焊时，它可以熔化任何金属或金属陶瓷，可以获得高的生产率、减少工件变形和热影响区。

（2）焰流速度高。进入喷枪中的工作气体被加热到上万摄氏度高温，体积剧烈膨胀，因而等离子焰流自喷枪中高速喷出，具有很大的冲击力，提高了喷涂层的性能。

作为喷涂用的等离子弧的焰流速度通常为每秒几百米。

（3）稳定性好。由于等离子弧是一种压缩型电弧，弧柱挺拔、电离度高，因而电弧位置、形状以及弧电压、弧电流都比自由电弧稳定，不易受外界因素的干扰。

（4）调节性好。压缩型电弧可调节的因素较多，在很广的范围内稳定工作，可以满足等离子工艺的要求，这是自由电弧所不能达到的。

1.3.4.2 等离子喷涂原理及特点

A 等离子喷涂的原理

图 1-8 的右侧是等离子体发生器，又叫做等离子喷枪。根据工艺的需要经进气管通入氮气或氩气，也可以再通入 5% ~ 10% 的氢气。这些气体进入弧柱区后，将发生电离，成为等离子体。由于钨极与前枪体有一段距离，故在电源的空载电压加到喷枪上以后，并不能立即产生电弧，还需在前枪体与后枪体之间并联一个高频电源。高频电源接通使钨极端部与前枪体之间产生火花放电，于是电弧便被引燃。电弧引燃后，切断高频电路。引燃后的电弧在孔道中受到三种压缩效应，温度升高，喷射速度加大，此时向前枪体的送粉管中输送粉状材料，粉末在等离子焰流中被加热到熔融状态，并高速喷打在工件表面上。当撞击工件表面时

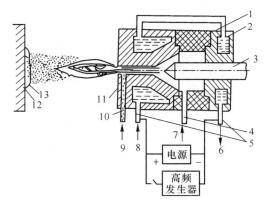

图 1-8 等离子喷涂原理示意图

1—绝缘套；2—后枪体；3—钨极；4—进气管；5—水电接头；6，8—水；7—工作气；
9—粉末；10—送粉管；11—前枪体；12—工件；13—涂层

熔融状态的球形粉末发生塑性变形，黏附在工件表面，各粉粒之间也依靠塑性变形而互相连接起来，随着喷涂时间的增长，工件表面就获得了一定尺寸的喷涂层。

B 等离子喷涂的主要特点

等离子喷涂的主要特点如下：

（1）零件无变形，不改变基体金属的热处理性质。因此，对一些高强度钢材可以实施喷涂。

（2）涂层的种类多。由于等离子焰流的温度高，可以将各种喷涂材料加热到熔融状态，因而可供等离子喷涂用的材料非常广泛，从而也可以得到多种性能的喷涂层。

（3）工艺稳定，涂层质量高。在等离子喷涂中，熔融状态粒子的飞行速度可达 180～480m/s，远比氧-乙炔焰粉末喷涂时的粒子飞行速度 45～120m/s 高。等离子喷涂层与基体金属的法向结合强度通常为 40～70MPa，而氧-乙炔焰粉末喷涂一般为 5～10MPa。

此外，等离子喷涂还和其他喷涂方法一样，具有零件尺寸不受限制、基体材质广泛、加工余量小、可喷涂强化普通基材零件表面等优点。

C 等离子喷涂材料

按粉末成分、特性可将喷涂用粉末分为：纯金属粉末、合金粉末、自熔性合金粉末、陶瓷粉末、复合粉末、塑料粉末等。涂层材料虽有几百种，但常用的只有几十种，下面重点介绍几种粉末。

（1）陶瓷粉末。陶瓷粉末的品种很多，包括氧化物、碳化物、硅化物和硼化物等。它们一般都具有高熔点、高硬度、优良的高温稳定性等特点，在机械维修热喷涂中用得较多的是氧化铝、氧化铬和碳化钨粉末。

1）金属氧化物。金属氧化物与其他耐热材料相比，其导电导热性低，在高温时的强度高，稳定性好。在高温时稳定性好的材料有氧化铬、氧化钛等材料，这些氧化物常用于不受冲击载荷的易磨损零件和耐高温氧化零件的隔热、绝缘涂层。为了提高涂层的韧性，可将几种氧化物混合使用，也可和其他金属材料或复合材料混合使用。

2）碳化物。碳化物的熔点都很高，有的比组成碳化物的金属元素的熔点还高，软化点可在 3000℃ 以上，但在高温的氧化性气体介质中，碳化物会被氧化失碳。即使如此，多数碳化物的耐氧化性比耐热合金还好，比碳和石墨的耐氧化性也高，同时碳化物在高温下也不降低力学性能。所以碳化物作为耐热材料和高温耐磨材料是很合适的，在实际应用中，硅和钛的碳化物是很好的耐热材料。硼、硅、钛、钨的碳化物是超硬的，可以作切削刀具的磨料，碳化钨、碳化钛、碳化铬广泛地应用于各种耐磨涂层中。碳化钨是碳化物喷涂材料中最常见的材料，碳化钨的熔点为 2800℃，硬度 HRA 为 93，但很脆；纯碳化钨喷涂的主要问题是因容易失碳而影响其耐磨性，解决的办法是：在镍基自熔性合金粉末中掺入 25% ~ 35% 的碳化钨，形成一种硬质点软基体结构，用镍基粉末来提高涂层的韧性，用碳化钨来保证零件的耐磨性。实践证明，这种涂层抗磨粒磨损性能良好。另外，严格控制喷涂工艺参数，也能保证碳化钨涂层质量。

3）金属硼化物。金属硼化物熔点高，硬度高，在高温下的蒸气压低，是电的良导体，但有在 1300 ~ 1500℃ 以上的氧化物介质中被氧化的缺点。所以，硼化物作为耐热材料高温时必须在还原性气体或真空中使用。目前，这种材料多用于宇航等高技术部门。

（2）复合粉末。目前应用最广的复合粉末为镍包铝复合粉末，它是以铝为核心在外面包覆一层镍，一般均为球状颗粒，粒度为 96 ~ 38μm（160 ~ 400 目）。

镍包铝粉末的主要特点是将它加热至 660 ~ 680℃ 时，镍与铝发生剧烈的放热反应。当等离子喷涂镍包铝粉末时，被等离子焰流加热熔融的粉末，由于本身的放热反应，熔融的合金粉末在飞行过程中不是越来越凉，而是越来越热。当熔融质点到达零件表面时，这种放热反应还可持续几微秒。这样使铝化镍涂层与基体之间形成牢固的冶金结合，冶金层的厚度可达 1μm 左右。同时，镍包铝涂层的表面粗糙，容易与其他涂层结合。因此，镍包铝除作为最后工作涂层外，还常用作其他工作涂层的底层（或过渡层）。

（3）一次性粉末。一次性粉末喷涂后，涂层与基体有良好的结合强度，同时涂层又有一定的耐磨、抗高温氧化性能，即兼顾了自黏结粉末和工作层粉末的功能。近年来一次性粉末发展很快，受到普遍重视，许多单位都在进行研究，以降低成本，推广使用。

1.3.4.3　等离子喷涂用气体及其选择

等离子喷涂的工作气和送粉气应根据所用的粉末材料、选择费用最低，传给粉末的热量最大，与粉末材料反应的有害性最小的气体。

最常用的气体有氮气、氩气，有时为了提高等离子焰流的焓值，在氮气或氩气中可分别加入 5% ~ 10% 的氢气，但在它的加入量超过 10% 后，会加剧喷嘴的烧损。

氮气（N_2）属于双原子气体，在热电离过程中，首先要吸收热量分解成单原子，然后进一步吸收热量发生原子电离。分解和电离过程中吸收的总热量称为它的热焓值。热焓值也可理解为等离子体所蕴藏的热量，氮气作为等离子气体时具有很高的热焓值；热焓值越高，在它的等离子焰流与粉末进行热交换时放出的热量也就越大。

氩气（Ar）是单原子气体，它在热电离过程中没有分解过程，而是直接吸收热量进行电离。因此，它的热焓值没有双原子气体高，对粉末的加热能力就不如氮气。此外，导热系数也低于氮气，80kW 高能等离子喷枪的测试结果表明，在同样条件下，氮气的焓值要比氩气高 1.5 ~ 2.2 倍。虽然氩气的焓值不如氮气，但氩气是惰性气体，它与各种金属均不发生化学反应，也不溶解于各种金属，因此在喷涂化学活泼性较强的粉末（如 WC、Al）以及对涂层质量要求较高时可选用氩气；且由于氩气没有分解过程，它在吸收热量产生电离时，温度很快升高，使用的弧电压较低，引弧性能比双原子气体好，所以在等离子喷涂时，采用氩气起弧比较适宜。但是氩气来源比较困难，价格昂贵，在应用时受到一定限制，故在一般情况下，特别是在机械维修中尽可能选用氮气。

在氮气或氩气中如果加入 5% ~ 10% 的氢气，则可提高焓值，并对喷枪的热效率也有所改善。80kW 高能等离子喷枪的测试结果表明，当分别在氮气和氩气中加入 10% 的氢气时，可使氩气等离子焰流的焓值提高 90% 左右，而氮气等离子焰流的焓值可提高 15% ~ 20%。但是氢气是一种易燃易爆的气体，远距离运输有困难，另外对一些氢脆性敏感的高强度钢也不宜加氢喷涂。

喷涂所用的气体要求具有一定的纯度，否则钨极很容易烧损，氮和氢要求纯度不低于 99.9%，氩气不低于 99.99%。

从本质上讲，往喷枪中通入气体的目的：一是对等离子弧进行压缩；二是控制等离子焰流的氧化还原气氛。从第一个目的出发，等离子喷涂也可以不限于氮气和氩气。近年来空气等离子喷涂装置也已达到成熟阶段，只要在喷涂材料上解决氧化问题，则可使喷涂成本大大降低，这是一种很有前途的喷涂工艺。此外，近年来用水对等离子弧压缩的水稳等离子喷涂装置也有较快的发展。如捷克的水稳等离子喷涂装置送粉量可比气体等离子喷涂提高 10 ~ 15 倍，而成本只是气体等离子喷涂的 1/10。

1.4　电刷镀技术

1.4.1　电刷镀概述

电刷镀（Brush Electro-Plating ISO 2080-81）技术是电镀技术的新发展，是表面工程的重要组成内容，是国家"六五"到"九五"计划期间，连续列为国家重点推广的新技术项目。它具有设备轻便、工艺灵活、镀积速度快、镀层种类多、结合强度高、适应范围广、对空气污染小、省水省电等一系列优点，是机械零件修复和强化的有利手段，尤其适用于大型机械零件的不解体现场修理或野外抢修。

1.4.2　电刷镀技术的基本原理

从图 1-9 可以看出，电刷镀技术采用一专用的直流电源设备，电源的正极接镀笔作为刷镀时的阳极，电源的负极接工件，作为刷镀时的阴极。镀笔通常采用高纯细石墨块作阳极材料，石墨块外面包裹上棉花和耐磨的涤棉套。刷镀时使浸满镀液的镀笔以一定的相对运动速度在工件表面上移动，并保持适当的压力。这样在镀笔与工件接触的那些部位，镀液中的金属离子在电场力的作用下扩散到工件表面，并在工件表面获得电子被还原成金属原子，这些金属原子沉积结晶就形成了镀层，随着刷镀时间的增加镀层增厚。

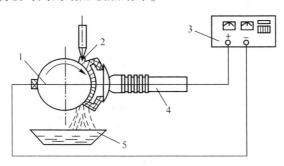

图 1-9　电刷镀基本原理示意图
1—工件；2—镀液；3—电源；4—镀笔；5—盘子

电刷镀技术的基本原理可以用下式表示：

$$M^{n+} + ne \longrightarrow M$$

式中　　M^{n+}——金属正离子；

n——该金属的化合价数；

e——电子；

M——金属原子。

1.4.3　电刷镀技术的特点

电刷镀技术的基本原理与槽镀相同，但它却有着区别于槽镀的许多特点。正是这些特点带来了电刷镀技术的一系列优点，其主要特点可以从三个方面叙述。

（1）设备特点。电刷镀设备多为便携式或可移动式，体积小、质量轻，便于到现场使用或进行野外抢修。不需要镀槽，也不需要挂具，设备数量大大减少，占用场地少，设备对场地设施的要求大大降低。

一套设备可以完成多种镀层的刷镀。镀笔（阳极）材料主要采用高纯细石墨，是不溶性阳极。石墨的形状可根据需要制成各种样式，以适应被镀工件表面形状为宜。刷镀某些镀液时，也可以采用金属材料作阳极。设备的用电量、用水量比槽镀少得多，可以节约能源、资源。

（2）镀液特点。电刷镀溶液大多数是金属有机络合物水溶液，络合物在水中有相当大的溶解度，并且有很好的稳定性，因而镀液中金属离子含量通常比槽镀高几倍到几十倍。

不同镀液有不同的颜色，透明清晰，没有浑浊或沉淀现象，便于鉴别。

性能稳定，能在较宽的电流密度和温度范围内使用，使用过程中不必调整金属离子浓度。

不燃、不爆、无毒性，大多数镀液接近中性，腐蚀性小，因而能保证手工操作的安全，也便于运输和储存。除金、银等个别镀液外，均不采用有毒的络合剂和添加剂，现在无氰金镀液已研制出来。镀液固化技术和固体制剂的研制成功，给镀液的运输、保管带来了极大的方便。

（3）工艺特点。电刷镀区别于电镀（槽镀）的最大工艺特点是镀笔与工件必须有一定的相对运动速度，正是由于这一特点，带来了电刷镀的一系列优点。

由于镀笔与工件有相对运动，散热条件好，在使用大电流密度刷镀时，不易使工件过热。其镀层的形成是一个断续结晶过程，镀液中的金属离子只是在镀笔与工件接触的那些部位放电还原结晶。镀笔的移动限制了晶粒的长大和排列，因而镀层中存在大量的超细晶粒和高密度的位错，这是镀层强化的重要原因。

镀液能随镀笔及时供送到工件表面，大大缩短了金属离子扩散过程，不易产生金属离子贫乏现象。加上镀液中金属离子含量很高，允许使用比槽镀大得多的电流密度，因而镀层的沉积速度快。

使用手工操作，方便灵活。尤其对于复杂型面，凡是镀笔能触及的地方均可镀上，非常适用于大设备的不解体现场修理。

1.4.4 电刷镀技术的应用范围

电刷镀技术有以下应用范围：

（1）恢复磨损零件的尺寸精度与几何精度的工业领域中，因机械设备零部件磨损造成的经济损失是巨大的，用电刷镀恢复磨损零件的尺寸精度和几何精度是行之有效的方法。

（2）填补零件表面的划伤沟槽、压坑，是运行的机械设备经常出现的损坏现象。尤其在机床导轨，压缩机的缸体、活塞，液压设备的油缸、柱塞等零件上最为多见。用刷镀或刷镀加其他工艺修补沟槽、压坑是一种既快又好的方法。

（3）补救加工超差产品。生产中加工超差的产品，一般说来超差尺寸都很小，非常适合用电刷镀修复，使工厂成品率大大提高。

（4）强化零件表面。用电刷镀技术不但可以修复磨损零件的尺寸，而且可以起到强化零件表面的作用。例如在模具型腔表面刷镀 0.01 ~ 0.02mm 非晶态镀层，可以使寿命延长 20% ~ 100%。

（5）提高零件表面导电性。在电解槽汇流铜排接头部位镀银，可减小电阻，降低温升，使用效果良好。

为了提高大型计算机的工作可靠性，在电路接点处电刷镀金处理，既能保证接点处有很小的接触电阻，又能防止接点处金属氧化造成的断路。

（6）提高零件的耐高温性能。钴－镍－磷－铌非晶态镀层的晶化温度可达320℃，在 400 ~ 500℃ 高温下，镀层由非晶态向晶态转变后，同时析出第二相组织。这些第二相组织是弥散分布在镀层中的硬质点，有效提高了镀层耐高温磨损的性能。

（7）改善零件表面的钎焊性。把一些难钎焊材料硬要用钎焊的方法连接在一起，是十分困难的。而在这些难钎焊的材料表面上刷镀某些镀层后，钎焊将变得非常容易，而且有较高的结合强度。

（8）减小零件表面的摩擦系数。当需要零件表面具有良好的减摩性时，可选用铟、锡、铟锡合金、巴氏合金等镀层。试验证明，在滑动摩擦表面或齿轮啮合表面上刷镀 0.6 ~ 0.8μm 的铟镀层时，不仅可以降低摩擦副的摩擦系数，而且可以有效地防止高负荷时产生的黏着磨损，具有良好的减摩性能。

利用复合刷镀方法，在镍镀液中加入二硫化钼、石墨等微粉，也可减小镀层的摩擦系数，并起到自润滑作用。

（9）提高零件表面的防腐性。当要求零件具有良好的防腐性时，可根据防腐要求和零件工作条件选择镀层。所谓阴极性镀层有金、银、镍、铬等，所谓阳极性镀层有锌、镉等。

（10）装饰零件表面。电刷镀层也可以作为装饰性镀层来提高零件表面的光亮度以工艺性，如在金属制品、首饰上镀金、镀银层会使这些制品更为珍贵。在一些金属、非金属制品上还可以进行仿古刷镀，如在秦兵俑上刷镀仿青铜色。

1.5　电火花沉积技术

1.5.1　电火花沉积概述

电火花沉积是通过电火花放电的作用把一种导电材料涂敷熔渗到另一种导电材料的表面，从而改变后者表面物理和化学等性能的工艺方法，它是电火花加工技术的分支之一。20 世纪 70 年代由火花沉积技术开始在生产上得到应用，并逐步推广。实践证明，电火花沉积技术具有设备简单、操作容易、成本低等优点，可用于模具、刀具及机械零件的表面强化和磨损部位的修补。例如，把硬质合金等材料涂敷在用碳素钢制成的各类模具、刃具、量具及机械零件的表面，可以提高其表面硬度，增加耐磨性、耐蚀性，从而使使用寿命提高一倍至数倍。

1.5.2　电火花沉积原理

金属电火花沉积的原理及过程如图1-10和图1-11所示。在电极与工件之间接上直流电源或交流电源，由于振动器的作用使电极与工件之间的放电间隙频繁发生变化，电极与工件之间不断产生火花放电。

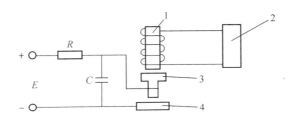

图1-10　电火花沉积原理示意图
1—振动器；2—振动器电源；3—电极；4—工件

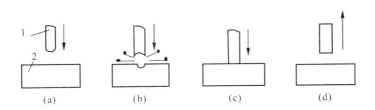

图1-11　电火花沉积过程示意图
1—电极；2—工件

当电极1与工件2分开较大距离时〔见图1-11(a)〕，电源经过电阻R对电容器充电，同时电极在振动器的带动下向工件运动。当电极与工件之间的间隙接近到某一距离时，间隙中的空气被击穿，产生火花放电〔见图1-11(b)〕，使电极和工件材料局部产生熔化，甚至气化。当电极继续接近工件并与工件接触时〔见图1-11(c)〕，火花放电停止，在接触点处流过短路电流，使该处继续加热。当电极继续下降时，以适当压力压向工件，使熔化了的材料相互黏结、扩散形成合金或产生新的化合物熔渗层。随后电极在振动器的作用下离开工件〔见图1-11(d)〕，由于工件的热容量比电极大，工件放电部位急剧冷却。经多次放电，并相应地移动电极的位置，从而使电极的材料黏结、覆盖在工件上，即在工件表面形成强化层。

1.5.3　电火花沉积机理

电火花沉积机理如下：

（1）超高速淬火。电火花放电使工件表面极小面积的金属被迅速加热到高温，使该范围金属熔化和部分气化。由于电火花放电的时间很短暂，而被加热的金属周围是大量冷的金属，所以被电火花放电加热了的金属会以很大的速度冷却下来，便对金属表面层进行了超高速淬火。

（2）渗氮。在电火花放电通道区域内温度很高，空气中的氮分子呈原子状态，它和受高温而熔化的金属有关元素化合成高硬度的金属氮化物，如氮化铁、氮化铬等。

（3）渗碳。来自石墨电极或周围介质的碳元素，一部分溶解在加热而熔化的铁中，一部分形成金属碳化物，如碳化铁、碳化铬等。

（4）电极材料的转移。在工作压力和电火花放电作用下，电极材料接触转移到工件金属熔融表面，有关金属合金元素（钨、钛、铬等）迅速扩散在工件金属的表面层，产生固溶强化。

1.5.4　电火花沉积层的特性

电火花沉积层有以下特性。

（1）沉积层的金相组织。沉积层的金相组织与电极材料、工件材料、沉积条件以及电源参数等有关。当使用钨钴类硬质合金电极强化时，形成了通常称为"白层"的合金层、合金扩散和热影响层，由这三部分组成了电火花金属沉积层。

根据白层的电子显微镜观察、分析和硬度值的测量，白层是电极材料和基体材料组成的新合金。电镜分析表明：白层的金相组织主要是碳化物、氮化物、马氏体和少量奥氏体所形成的斯太利合金，此外还有少量氧、铬、铁、碳等元素及其化合物。

由于电极与工件材料的相互熔渗及合金化，沉积层与基体结合是极为牢固的。因而，经过表面强化的机械零件，在实际使用过程中未曾发现剥落的现象。

（2）沉积层的厚度。电火花金属沉积层的厚度应是白层和扩散层这两层厚度的总和。因为扩散层用常规的手段难以观察，而白层是影响耐磨性的关键，沉积工艺中白层的深度又接近于沉积后工件增厚值，所以通常可以用白层的深度来表示沉积层的厚度。

沉积层的厚度与电极和工件的材质、沉积机电气参数和加工条件等有关。例如在相同的条件下，放电脉冲能量增加，最大沉积层厚度也增加。对于目前输入功率在100W以内的小功率强化机，最大沉积层厚度为 0.02～0.03mm。

（3）沉积层的硬度。电火花沉积层的厚度比较薄，因此沉积层的硬度需用显微硬度计测量。沉积层的硬度与所使用的电极材料和工件材料有较大关系，当使用硬质合金 YG8 作电极材料时，在同样的沉积条件下，工件材料不同时，白层的硬度有较为明显的区别，而且显微硬度值介于电极和工件硬度之间。其显微硬度可高达 HV 1100 ~ 1400（相当 HRC 70 ~ 74），或者更高。

（4）沉积层的耐磨性。沉积层的耐磨性与电极材料的硬度有关，硬度越高耐磨性越好。如用铬锰、钨铬钴合金、硬质合金 YT15 等作为电极强化 45 钢时，将使其耐磨性比原来平均提高 2 ~ 2.5 倍。但在研究耐磨性的同时，还必须考虑工件材料的物理、力学性能及沉积层的组织致密性和孔隙度等因素。

（5）沉积层的耐蚀性。选用合适的电极材料，沉积后的工件防化学腐蚀或耐水蚀性能，将有较大幅度的改善。例如，当用不同的电极材料强化时，用 NaCl 水溶液作腐蚀性试验，经 Si 电极强化的耐蚀性提高 32%；C 电极强化的提高 90% 。WC、CrMn、YT15 作电极强化不锈钢材料后，进行水冲蚀试验表明，耐蚀性提高 2 ~ 4 倍。蒸气阀的喷嘴经强化后，耐水蚀性可提高 3 ~ 5 倍。

（6）沉积层的耐热性。沉积层的耐热性与工件材料、电极材料有关。如用 WC 电极在 45 钢表面形成的沉积层加热到 700 ~ 800℃ 的高温时，其硬度基本没有下降。

汽轮机的叶片在高温和潮湿的条件下工作，对叶片材料而言，既要耐高温，又要耐水冲蚀。实际运行表明，经电火花沉积后的叶片，可以大大减轻冲蚀程度。未经电火花沉积的叶片运行一年左右即发现进气边有水蚀现象，运行 6 年半后，有的叶片尖端已被冲蚀，而经过沉积的叶片仍然大都保持完整无损。

（7）沉积层的疲劳强度。电火花沉积的表面，由于加热和冷却的作用，在工件表面产生压应力，其疲劳强度可提高两倍左右。

（8）沉积表面的粗糙度。从电火花沉积层的形成过程可知，在一个微小的区域内经过多次放电后可形成强化点，而沉积层是许多沉积点的融合和重叠，所以微观沉积表面与机械切削和磨削的表面不同。当采用精加工规范进行沉积时，表面粗糙度 R_a 一般可达 1.6（▽6）。因此，通常对模具、刃具，在粗加工规范涂敷之后，再经精规范修整即可使用。而当表面粗糙度要求较细时，可以用研磨器将沉积表面抛光。

2 受热面管道焊接修复与表面强化

受热面管道作为电站中运行工况复杂、材质多样、修复频繁的金属部件，受到技术人员广泛关注。本章主要系统阐述了受热面管道的位置及作用、运行工况以及常见失效形式，所用低碳钢、低合金钢、珠光体耐热钢、贝氏体耐热钢、马氏体耐热钢、奥氏体不锈钢等钢种，更换修复时采用的焊接方法及工艺、防腐防磨表面强化时采用的热喷涂方法及工艺，为受热面管道焊接修复与表面强化提供比较全面的技术参考。

2.1 受热面管道概述

2.1.1 受热面管道的位置及作用

受热面是指从放热介质中吸收热量并传递给受热介质的表面。电站锅炉受热面管道在锅炉中的位置如图 2-1 所示，可以看出，锅炉受热面管道主要由五部分组成：炉膛水冷壁、过热器、再热器、省煤器、空气预热器等。炉膛水冷壁是炉壁内侧布置着的密集排列的管子，管内有水和蒸汽通过；其作用是既作为工质的辐射受热面，又能保护炉墙，使其不致烧毁。蒸汽过热器是锅炉的重要组成部分，它的作用是将饱和蒸汽加热成为具有一定温度的过热蒸汽。过热器的工况为：低压锅炉的蒸汽温度一般为 350～375℃，过热器前布置有大量对流蒸发管束，进入过热器的烟温在 700℃左右。中压锅炉多为燃烧煤粉或重油的室燃炉，其过热汽温为 450℃，这时的炉膛辐射传热小于或接近于蒸发热，因而过热器前通常不再布置对流蒸发管束，进入过热器的烟温可达 1000℃左右。高压锅炉，尤其超高压锅炉，加热水的热量和过热热量增大很多，而蒸发热减少，当中间再有过热器时，情况更为突出，这时必须把一部分过热器受热面布置在炉膛内，使其吸收部分辐射热。蒸汽再热器也叫做中间再热器或二次过热器。由锅炉产生的高压过热蒸汽送入汽轮机高压缸，膨胀做功后返回到锅炉的再热器重新加热，然后又回到汽轮机中低压缸继续做功，最后排入凝汽器。再热器的工况为：流经再热器的额定蒸汽量为高压蒸汽的 80% 左右，汽压为新汽压力的 20%～25%，再热后的汽温约等于新汽温度。省煤器是由许多并列蛇形管组成，其作用是能有效地吸收排烟中的余热，提高给水温度，提高锅炉的热效率，节约燃料。进入这些受热面的烟气温度已不高，故常认为省煤器为尾部低温受热面。在受热面中，省煤器金属的温度最低，一般在 100～150℃。空气预热器的作用是吸收烟气的热量把流经它的空气加热成为热空气。

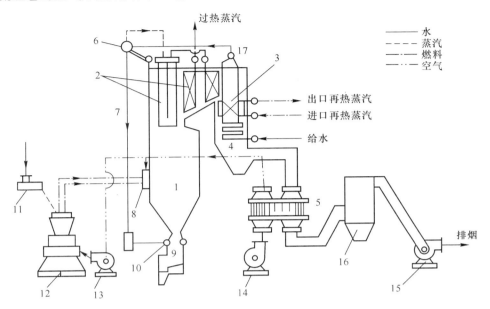

图 2-1 煤粉锅炉系统简图

1—炉膛水冷壁；2—过热器；3—再热器；4—省煤器；5—空气预热器；6—气包；7—下降管；
8—燃烧器；9—排渣装置；10—联箱；11—给煤机；12—磨煤机；13—排粉机；
14—送风机；15—引风机；16—除尘器；17—省煤器出口联箱

2.1.2 受热面管道运行工况

实测表明，煤粉燃烧锅炉的火焰中心温度可达 1500～1770℃，燃烧后的灰粒在这样高的温度下多呈熔化状态。正常情况下，由于炉内水冷壁吸热，烟气温度一直在降低。熔化的灰渣随烟气接近水冷壁时已冷凝下来，这些灰粒有质量、速度、棱角。在经过管道的受热面时，一方面颗粒因为有动量，会对管道产生冲击；另一方面这些颗粒的棱角会对管道有切削作用。冷凝下来的灰渣一部分直接落入渣口，一部分则附着在水冷壁上形成疏松易脱落的灰层，另一部分则随高温烟气经过高温过热器、低温过热器、省煤器、空气预热器等系统，并在其流动过程中形成对这些系统的沾污，称为积灰。如果灰渣附着在水冷壁内，仍呈熔融状态，便会黏结在一起形成紧密难除去的灰渣层，称为结渣。锅炉受热面积灰结渣形貌特征说明积灰结渣是有区别的，它们是完全不同的两个概念。所谓"积灰"，是指温度低于灰熔点的灰沉积物在受热面上积聚，多发生在锅炉对流受热面上。所谓"结渣"，是指在受热面壁上熔化了的灰沉积物的积聚，这与因受各种力作用而迁移到壁面上的某些灰粒的成分、熔融温度、黏度及壁面温度有关，多发生在炉内辐射受热面上。生产实践表明，结渣和积灰都会同时发生，只不过是根据炉内条件不同而决定哪个过程起主要作用而已。

与灰渣的冲击、切削相比，积灰与结渣的危害性更大。当积灰与结渣达到一定厚度后，会连同管道上的一部分腐蚀产物一同剥落。而新的积灰或结渣又很快在该区域形成，重复上述过程。随着运行时间的增加，受热面管道在该区域形成薄弱环节，当管道减薄到一定厚度时，将导致受热面管道发生失效，影响机组的正常运行。

2.2　受热面管道主要失效形式及原因

受热面中水冷壁管、过热器管、再热器管以及省煤器管简称锅炉"四管"，主要失效形式为爆管。引起爆管的原因有很多。通过对某地区所属的电厂，各种类型的火电机组 1000 余条锅炉"四管"爆漏失效记录的详细情况进行统计分析，发现过热、磨损、裂纹以及腐蚀是造成"四管"爆漏四大主要原因。结合典型案例，对锅炉"四管"失效的原因进行分析。

2.2.1　受热面管道过热失效

引起爆管的过热原因包括长期过热和短期过热。

长期过热引起的爆管呈窗口形，边缘粗糙且损伤面比较大。例如某电厂容量 100MW 的机组，高温过热器管规格 $\phi42mm\times5.5mm$，材质 12Cr1MoV。投入运行 7 年 9 个月，高温过热器管发生开裂泄漏。图 2-2 为发生爆裂的管子的宏观形貌，观察发现其具有以下特点：

（1）开裂部位位于受热面管子的向火侧。

（2）爆口沿管子纵向开裂，部分已经崩掉，爆口长约 400mm、宽约 110mm。

（3）爆口断面粗糙，呈颗粒状，为脆性断裂。

（4）爆口周围氧化皮沿管子纵向，呈老树皮状开裂（见图 2-2）。

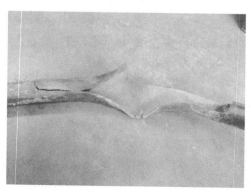

扫一扫看彩图

图 2-2　长期过热爆口形貌

（5）管径无明显的胀粗，管壁几乎不减薄。观察爆管的形貌发现，其具有长期过热的特点。

发生爆裂的管子微观组织形态特点如图2-3所示，分析可知：爆口处金相组织珠光体严重球化，出现蠕变孔洞和蠕变裂纹；观察背火侧金相组织珠光体球化级别为5级。通过对爆裂管子的宏观形貌以及微观金相组织分析可以判定，爆管原因为长时过热，由于管子微观组织珠光体球化严重，同时出现蠕变孔洞及蠕变裂纹，在内部介质压力作用下沿粗大蠕变裂纹发生爆破，该区域的管排过热现象较为普遍和严重。

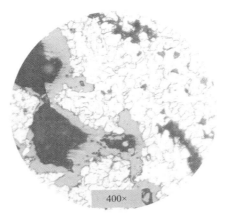

图2-3 爆口处金相组织

短期过热引起的爆管呈枣核形、边缘锋利。例如某电厂容量200MW的机组，高温过热器规格为$\phi42mm \times 5.5mm$，材质为SA213-T91钢。某次小修后启动升至大负荷状态时发生爆管泄漏。当时运行工况：内部介质温度500~530℃，外部烟气温度1100~1200℃。根据运行数据判断爆破处金属壁温不是整个管子的最高点。观察爆口宏观形貌如图2-4所示：爆口在向火侧，破口处管子由于蒸汽反作用力而弯折成将近90°；破口为喇叭口，边缘减薄明显，爆破口沿管子纵向长度无法准确测量，最大宽度123mm。管径有胀粗但不明显，爆口旁边胀粗为48mm，离爆口500mm处胀粗为45mm；爆口宏观形貌呈短时过热特征；管子内外表面无腐蚀现象。通过观察图2-5可知，爆口边缘组织未发生相变，仍为回火索氏体，但已变形，沿爆破方向拉长。沿周向离爆口渐远，组织形态逐渐恢复正常，但有轻度球化现象，爆口对面背火侧，组织完整，未球化，为回火索氏体。分析认为，以上组织形态为典型的短时过热爆破特征。

综合分析，确定T91钢管爆破原因为管壁超温导致的短时过热爆破，爆破时管壁温度未超过相变点A_{c1}，估计在800℃左右。受过热影响，离爆口500mm处管子材质有轻度球化。

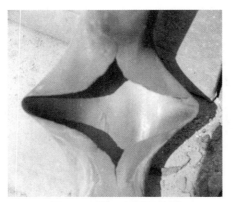

扫一扫看彩图

图 2-4　爆口宏观形貌图

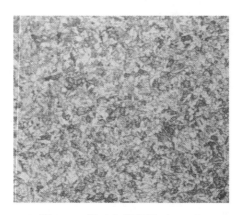

图 2-5　爆口金相组织（389×）

2.2.2　受热面管道磨损失效

磨损减薄也是引起爆管的诱因。如某电力公司 330MW 机组，后屏再热器管规格为 $\phi64mm×3mm$，材质为 12Cr1MoVG，投产运行 6 个月发生爆管泄漏。现场取样观察分析认为，图 2-6 爆口的宏观形貌以及图 2-7 爆口附近出现管壁减薄、鱼鳞状磨损痕迹可见。

（1）发生爆裂的两排受热面管子位于吹灰器附近。

（2）部分管子宏观形态表现为被对面管子爆裂后泄漏的蒸汽冲刷减薄爆管。

（3）爆口附近出现管壁减薄、鱼鳞状磨损痕迹，且所有管子磨损的方向一致。

发生爆管的后屏再热器管微观组织如图 2-8 和图 2-9 所示。分析图 2-8 可知，金相组织基本正常，为铁素体+粒状贝氏体，无过热迹象。从图 2-9 中可以看出，管子内壁出现脱碳现象，脱碳层厚度约为 0.4mm，未超标，符合相关规程对管子内表面脱碳层厚度的要求。

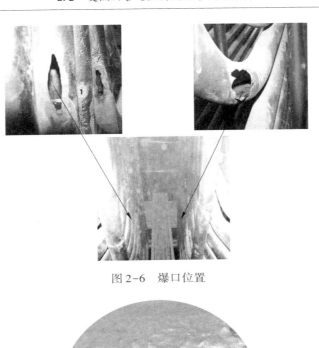

扫一扫看彩图

图 2-6　爆口位置

扫一扫看彩图

图 2-7　爆口附近形貌

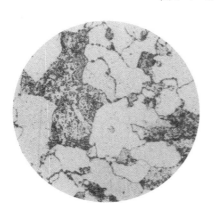

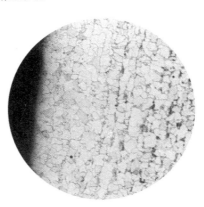

图 2-8　爆口附近金相组织（400×）　　　图 2-9　爆口附近金相组织（100×）

综合分析认为发生此次爆管的原因为：吹灰器吹灰时磨损管壁，导致管壁减薄至最小设计壁厚以下造成爆管，爆管后没有及时停炉，泄漏的高压蒸汽冲刷对面管子，造成相邻两排管子的管壁磨损减薄，相继爆管。

再如某电力公司 100MW 机组，低温再热器出口段材质 15CrMoG，规格 ϕ51mm×4mm。投产运行 2 年 8 个月，低温再热器出口段钢管发生泄漏。经检验，爆口两侧有明显的磨损减薄痕迹，钢管内外壁均未发现腐蚀、高温氧化及原始缺陷，进一步观察发现钢管爆口附近外表面有大面积吹损减薄痕迹（见图 2-10 和图 2-11）。钢管金相组织为铁素体和珠光体，爆口处组织球化级别为 2 级（见图 2-12），爆口对侧球化级别为 1.5 级，未发现非金属夹杂物、原始微观缺陷及过热现象（见图 2-13）。根据钢管爆口宏观形态特征及外表面大面积磨损减薄痕迹，可以判定钢管爆破是由于磨损减薄所致。

扫一扫看彩图

图 2-10　爆口宏观形貌

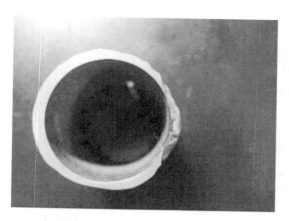

扫一扫看彩图

图 2-11　爆口横截面宏观形貌

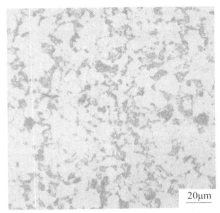
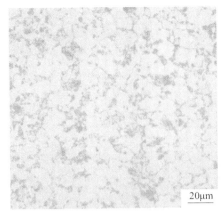

图 2-12　爆口附近显微组织　　　　图 2-13　爆口对侧显微组织

2.2.3　受热面管道裂纹失效

　　某热电厂 100MW 机组，运行 13 年 7 个月，高温过热器受热面管规格为 $\phi42mm×5.5mm$，材质为 12Cr1MoV。某次小修中发现一根高温过热器管外表面出现老树皮状纵向裂纹，发生开裂的受热面管宏观形貌如图 2-14 所示。现场取样观察：

　　（1）外表面出现纵向裂纹，呈老树皮状，最宽处约 1.00mm。

　　（2）管径略有胀粗，最粗处将近 43.24mm。

　　（3）裂纹位于向火侧。

　　（4）向火侧内壁出现大量纵向的氧化皮裂纹。

　　（5）管壁有原始缺陷痕迹。

　　（6）背火侧宏观形貌基本无变化。

扫一扫看彩图

图 2-14　裂纹宏观形貌

在裂纹附近组织为：铁素体+晶界和晶内的碳化物，珠光体严重球化，级别5级，出现双晶界现象，有蠕变孔洞及蠕变裂纹，外表面氧化皮厚度0.38mm，晶界氧化裂纹深达6~7个晶粒，已超标；内表面氧化皮厚度0.30mm，晶界氧化裂纹深达2~3个晶粒，内壁有原始缺陷坑，深达0.30mm左右，坑附近有蠕变孔洞出现。背火侧组织为：铁素体+晶界和晶内的碳化物，珠光体严重球化，级别5级，出现双晶界现象，无蠕变孔洞出现（见图2-15）。

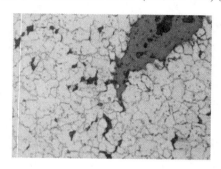

图2-15　裂纹附近金相组织（100×）

经过综合分析，由于长时超温导致管子长时过热，试样金相组织中珠光体严重球化，出现蠕变孔洞和裂纹。同时管材表面的原始缺陷加速了管壁开裂。启停炉时，由于管子所受应力变化较大，导致其表面出现纵向开裂。

焊缝焊接质量不高也可能导致裂纹产生。某发电厂200MW机组，疏水扩容器材质为A3F钢，筒体直径为720mm，筒体壁厚为20mm。疏水集箱规格为φ355mm×8.5mm，材质为12Cr1MoV。

某次大修期间经金属渗透探伤检验发现汽机零米南侧疏水扩容器上封头出汽管角焊缝产生7处裂纹，其中4条为弧坑裂纹，裂纹长度分别为20mm、20mm、15mm和5mm；3条为焊缝熔合线裂纹，裂纹长度分别为60mm、30mm和30mm。北集箱进疏水扩容器的角焊缝上发现一条垂直焊缝方向的裂纹，裂纹长65mm，裂纹贯通焊缝后向容器筒壁上延伸40mm，向集箱筒壁上延伸10mm。裂纹宏观形貌如图2-16和图2-17所示。经宏观检查，上封头出汽管角焊缝表面成型质量很差，收弧时形成较明显的弧坑，角焊缝上深度超过2mm的咬边部位也较多。北集箱进疏水扩容器的角焊缝产生裂纹的区域是角焊缝中心线3点钟的部位，该处正是整个角焊缝应力最集中的部位。经仔细检查发现，该处焊缝由于焊接速度过快，波纹间熔合不好，导致了裂纹的产生，运行期间裂纹不断的扩展，最终发展到容器筒壁上。虽然疏水扩容器的使用压力只有0.1MPa，但是汽机本体的高压疏水主要是从这里进行疏导，其温度波动较大的工作状况，将产生一定的热应力。焊缝焊接质量较差，加之容器本身较为恶劣的工况和热应力等因素是导致裂纹产生和发展的主要原因。

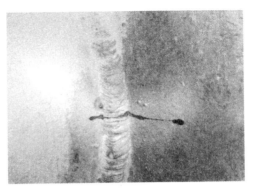

扫一扫看彩图

图 2-16 集箱进容器角焊缝贯穿裂纹形貌

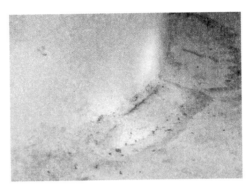

扫一扫看彩图

图 2-17 容器上封头出汽管角焊缝裂纹形貌

2.2.4 受热面管道腐蚀失效

腐蚀是引起"四管"失效的主要原因之一。腐蚀有两种形式,一种是锅炉烟气侧的高温氧化、高温硫化腐蚀,另一种形式是锅炉管内侧的氧腐蚀。

某电厂 150MW 机组,高温再热器规格均为 $\phi 42mm \times 3.5mm$,材质为 12Cr2MoWVTiB。投产运行 9 年 5 个月,高温再热器管开裂泄漏,爆口形貌如图 2-18 所示。高温再热器管为 U 形弯,爆口位于迎风侧背弧向直管 86mm 处,长 56.30mm,最宽处 9.0mm,边缘较薄,约 0.38mm,无明显胀粗。管内外壁有较厚氧化皮,外壁最厚处约 2.85mm,内壁最厚处约 2.65mm。爆口附近外表面有较深晶界氧化裂纹,并有多条由外向内沿晶扩展裂纹。爆口处组织老化 4 级,属完全老化,爆口附近及背风侧组织老化 3.5 级,属中度老化与完全老化之间,如图 2-19 ~ 图 2-21 所示。经分析,钢管在高温氧化腐蚀的作用下,内外氧化皮厚度不断增加而导致管壁逐步减薄,在内部介质压力下,由外壁薄弱的晶界氧化裂纹处沿晶开裂,最终导致管子失效。

图 2-18   爆口形貌

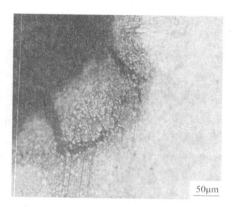

图 2-19   外表面沿晶裂纹

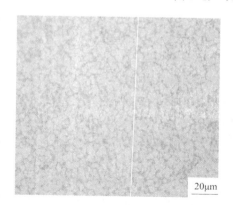

图 2-20   爆口处组织

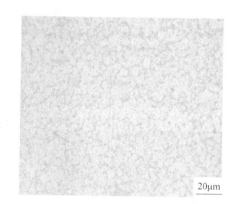

图 2-21   爆口对侧组织

　　严重的氧腐蚀可引起爆管等失效事故。例如某电力公司 330MW 机组，水冷壁受热面管为内螺纹管，规格为 $\phi63.5mm \times 6.6mm$，材质为 SA210C，投产运行 4 个月水冷壁发生爆裂泄漏。经分析水冷壁受热面爆管原因是：外壁产生的腐蚀产物附着在管子外壁（见图 2-22），使管子热导性下降，引起管子外壁超温，组织逐渐老化，强度下降。同时，由于除氧器除氧效果不佳，致使含有溶解氧的水进入锅炉后，导致水冷壁受热面管内壁受到氧腐蚀（见图2-23），壁厚不断减薄，在内部介质压力的作用下发生爆裂泄漏。

扫一扫看彩图

图2-22　爆裂泄漏处的外壁出现大量结焦腐蚀

扫一扫看彩图

图2-23　管子内壁出现大面积氧腐蚀

针对受热面过热、磨损、裂纹、腐蚀等问题的修复与强化可以分为两方面：一方面更换受热面管道，恢复金属部件使用性能；针对受热面所采用的不同材质，选择恰当的焊接方法，执行恰当的焊接、热处理工艺，完成受热面管道更换。另一方面，采用热喷涂等先进的技术在受热面表面制备防磨损抗腐蚀涂层，预防减少受热面因磨损和腐蚀导致失效，有效延长受热面管道的使用寿命。

2.3　受热面常用材质及焊接工艺

2.3.1　受热面常用钢材化学成分及力学性能

受热面常用钢材化学成分及常温力学性能见表2-1和表2-2。

2.3.2　受热面常用钢材特性及主要应用范围

受热面常用钢材特性及主要应用范围见表2-3。

表2-1　受热面常用钢材化学成分（质量分数）（%）

钢号	C	Si	Mn	S	P	Cr	Mo	V	Ni	N	W	Al	Nb(Cb)	B	备注
20G	0.17 ~ 0.23	0.17 ~ 0.37	0.35 ~ 0.65	≤0.015	≤0.025										
15Mo3	0.12 ~ 0.20	0.15 ~ 0.35	0.50 ~ 0.70	≤0.015	≤0.025										
12CrMoG	0.08 ~ 0.15	0.17 ~ 0.37	0.40 ~ 0.70	≤0.015	≤0.025	0.40 ~ 0.70	0.40 ~ 0.55								
15CrMoG	0.12 ~ 0.18	0.17 ~ 0.37	0.40 ~ 0.70	≤0.015	≤0.025	0.80 ~ 1.10	0.40 ~ 0.55								
10CrMo910	0.08 ~ 0.15	≤0.50	0.40 ~ 0.70	≤0.015	≤0.025	2.00 ~ 2.50	0.90 ~ 1.20								
12CrMoV	0.08 ~ 0.15	0.17 ~ 0.37	0.40 ~ 0.70	≤0.035	≤0.035	0.30 ~ 0.60	0.25 ~ 0.35	0.15 ~ 0.30							
12Cr1MoVG	0.08 ~ 0.15	0.17 ~ 0.37	0.40 ~ 0.70	≤0.010	≤0.025	0.90 ~ 1.20	0.25 ~ 0.35	0.15 ~ 0.30							
12Cr2MoWVTiB	0.08 ~ 0.15	0.45 ~ 0.75	0.45 ~ 0.65	≤0.015	≤0.025	1.60 ~ 2.10	0.50 ~ 0.65	0.28 ~ 0.42			0.30 ~ 0.55			0.002 ~ 0.008	
12Cr3MoVSiTiB	0.09 ~ 0.15	0.60 ~ 0.90	0.50 ~ 0.80	≤0.015	≤0.025	2.50 ~ 3.00	1.00 ~ 1.20	0.25 ~ 0.35						0.005 ~ 0.011	Ti: 0.22 ~ 0.38
T23	0.04 ~ 0.10	≤0.50	0.10 ~ 0.60	≤0.010	≤0.030	1.90 ~ 2.60	0.05 ~ 0.30	0.20 ~ 0.30		≤0.03	1.45 ~ 1.75	≤0.03	0.02 ~ 0.08	0.0005 ~ 0.0060	

续表2-1

钢号	C	Si	Mn	S	P	Cr	Mo	V	Ni	N	W	Al	Nb(Cb)	B	备注
X20CrMoV121	0.17~0.23	≤0.50	≤1.00	≤0.030	≤0.030	10.0~12.5	0.80~1.20	0.20~0.35	0.30~0.80						
T91/P91	0.08~0.12	0.20~0.50	0.30~0.60	≤0.020	≤0.010	8.00~9.50	0.85~1.05	0.18~0.25	≤0.4	0.03~0.07		≤0.04	0.06~0.10		
E911	0.09~0.13	0.10~0.50	0.30~0.60	≤0.010	≤0.020	8.50~9.50	0.9~1.1	0.18~0.25	0.1~0.4	0.04~0.09	0.9~1.1	≤0.04	0.06~0.10		
T92/P92	0.07~0.13	≤0.50	0.30~0.60	≤0.010	≤0.020	8.50~9.50	0.3~0.6	0.15~0.25	≤0.04	0.03~0.07	1.5~2.0	≤0.04	0.04~0.09	0.001~0.006	
TP304H	≤0.08	≤0.75	≤2.00	≤0.030	≤0.040	18.00~20.00			8.00~11.00						
TP347H	0.04~0.10	≤0.75	≤2.00	≤0.030	≤0.040	17.00~20.00			9.00~13.00				Nb+Ta≥8×C%~1.00		
Super304H	0.07~0.13	≤0.30	≤1.00	≤0.030	≤0.040	17.00~19.00			7.50~10.50	0.05~0.12			0.30~0.60		Cu: 2.50~3.50
HR3C	0.10	1.50	2.00	≤0.030	≤0.030	23.00~27.00			17.00~23.00	0.15~0.35			0.20~0.60		

表2-2　受热面常用钢材常温力学性能

钢号	标准号	R_e/MPa	R_m/MPa	A/%	A_{KV}/J	硬度 HB	分类号 DL/T 868—2014
20G	GB 5310—2017	>245	410~550	>24 (纵向)	>40 (纵向)	130~179	A—I
15Mo3	DIN 17155/2	265~274	431~519			125~153	B—I
12CrMoG	GB 5310—2017	>205	410~560	>21 (纵向)	>40 (纵向)	120~170	B—I
15CrMoG	GB 5310—2017	>295	440~640	>21 (纵向)	>40 (纵向)	125~170	B—I
10CrMo910	DIN 17175	269~280	450~600	21		125~179	B—I
12CrMoV	GB 3077—1999	225	440	22		≤179	B—I
12Cr1MoVG	GB 5310—2017	>255	470~640	>21 (纵向)	>40 (纵向)	135~195	B—I
12Cr2MoWVTiB	GB 5310—2017	>345	540~735	>18 (纵向)	>40 (纵向)	160~220	B—II
12Cr3MoVSiTiB	GB 5310—2017	>440	610~805	>16 (纵向)	>40 (纵向)	180~250	B—II
T23	ASTM A213	≥400	≥510	≥20		150~220	B—II
X20CrMoV121	DIN 17175	≥490	690~840	≥17 (纵向)	34	143~207	B—III
T91/P91	ASTM A213	≥415	≥585	≥20		180~250	B—III
E911	德国企业标准	≥450	620~850	≥17	≥68	180~250	B—III
T92/P92	ASME A213	≥440	≥620	≥20		≤250	B—III
TP304H	ASME A213	≥205	≥515	≥35 (纵向)		140~192	C—III
TP347H	ASME A213	≥205	≥515	≥35 (纵向)		140~192	C—III
Super304H	日本住友公司企业标准	≥205	≥550	≥35		≤192	C—III
HR3C	日本住友公司企业标准	≥294	≥657	≥30			C—III

表2-3　受热面常用钢材特性及主要应用范围

钢号	特性	主要应用范围	类似钢号		
20G	20G钢为优质碳素结构钢。该钢塑性、韧性及焊接性能良好，在530℃以下具有良好的抗氧化性能，但在470~480℃高温下长期运行过程中，会发生珠光体球化和石墨化。当硬度HB为137~174时，相对加工性为65%。该钢无回火脆性	壁温≤425℃的蒸汽管道，集箱；壁温≤450℃的受热面管子及省煤器管等	美国 德国 日本 苏联 捷克斯洛伐克	ASME DIN17175—1979 JIS G3461—1984 Ty 14-3-460—1975 CSN 412022—1976	SA 210 St45.8/Ⅲ STB42 20 12022
15Mo3	15Mo3钢属于低合金热强钢，其热强性和腐蚀稳定性优于碳素钢，而工艺性能仍与碳素钢大致相同。存在的主要问题是，在500~550℃长期运行时，有产生珠光体球化和石墨化的倾向，随其发展会导致钢管的强度和持久强度降低，甚至会导致钢管的脆性断裂	壁温≤500℃的蒸汽管道；壁温≤530℃的受热面管子及省煤器管等	中国 美国 罗马尼亚 日本	GB 5310—2017 ASME A209—1983 ASME A335—1981a STAS 8184—1987 JIS G 3462—1984	15MoG T1 P1 16Mo3 STBA12
12CrMoG	12CrMoG钢是通用的0.5% Cr-0.5% Mo 低合金热强钢。与0.5% Mo 钢相比，由于钢中含有0.5% Cr，提高了碳化物的稳定性，有效地阻止了石墨化倾向，并使钢的热强性提高，而又不影响其他工艺性能。该钢在480~540℃具有足够的热强性和运行可靠性。长期运行后，在室温和工作温度条件下的力学性能仍然足够，显微组织变化不大，碳化物成分变化不太明显，表现出良好的组织稳定性	壁温≤510℃的蒸汽管道；壁温≤540℃的受热面管子	美国 苏联	ASTM A213—1983 ASTM A335—1981a ЧMTY 2580—1954	T2 P2 12MX
15CrMoG	15CrMoG钢是世界各国广泛应用的铬钼钢。该钢具有良好的工艺性能，焊接性能较高的热强性。在工作温度为500~550℃下长期运行时无石墨化倾向，但会产生珠光体球化。合金元素从铁素体向碳化物中转移并发生碳化物类型转变的现象，从而导致强度和热强性能降低。当工作温度超过550℃时，其抗氧化性能变差，热强性能显著下降。该钢在450℃时的抗松弛性能良好	壁温≤510℃的蒸汽管道，集箱；壁温≤540℃的受热面管子	美国 日本 德国 苏联	ASTM A213—1983 JIS G 3462—1978 DIN 17175—1979 Ty 14-3-460—1975	T12 13CrMo44 STBA22 15CrMo

续表 2-3

钢号	特性	主要应用范围		类似钢号	
10CrMo910	10CrMo910 钢是德国的钢种，属于 2.25Cr-1Mo 低合金耐热钢，长期在高温下运行，将会出现碳化物从铁素体基中析出并聚集长大的现象。500℃ 的蠕变试验结果表明，在蠕变第一阶段结束时，总伸长率为 0.2%；550℃ 及其以上温度时，总伸长率为 1%~2%	壁温 ≤580℃ 的过热器管、再热器管，壁温 ≤540℃ 的蒸汽管道、集箱	美国	ASTM A213—1983	T22
			美国	ASTM A335—1981	P22
			中国	GB 5310—2017	12Cr2MoG
			日本	JIS G 3458—1978	STPA24
			日本	JIS G 3462—1978	STBA24
			罗马尼亚	STAS 8184—1987	12MoGr22
12CrMoV	12CrMoV 钢是在铬钼钢中加入少量的钒，从而阻止钢在高温长期使用过程中合金元素铬向碳化物中的转移，提高钢的组织稳定性和热强性。与 12Cr1MoVG 相比，钢中含铬量较低，这在 550℃ 以下对力学性能和热强性能影响不大，但在高于 550℃ 时，其性能低于 12Cr1MoV	壁温 ≤570℃ 的过热器及壁温 ≤540℃ 的蒸汽管道	德国	DIN 17175—1979	14MoV63
			苏联	ГОСТ 4543—1957	12ХМФ
12Cr1MoVG	12Cr1MoVG 钢属于珠光体低合金热强钢，由于钢中加入了少量的钒（如铬、钼）由铁素体向碳化物中转移的速度，弥散分布的钒的碳化物可以强化铁素体基体。该钢在 580℃ 时仍具有高的热强性和抗氧化性能，并具有高的持久塑性，工艺性能和焊接性能较好，但对热处理规范的敏感性较大，常出现冲击韧性不均匀的现象；具有回火脆性现象。在 500~700℃ 回火时，合出现珠光体球化及合金元素向碳化物转移的现象，使热强性能下降	壁温 ≤570℃ 的受热面管，壁温 ≤555℃ 的集箱和蒸汽管道	德国	DIN 17175/B7	12CrMoV
			罗马尼亚	STAS 8184—1987	12VMoCr10
			苏联	ГОСТ 5520—1979	12Х1МФ

续表 2-3

钢号	特性	主要应用范围	类似钢号		
12Cr2MoWVTiB	12Cr2MoWVTiB 钢属于贝氏体低合金热强钢，是我国研制成功的钢种；主要采用钨钼复合固溶强化、钒钛合金弥散强化和微量硼的强化，使该钢具有优良的综合力学性能，工艺性能和相当高的持久强度，抗氧化性能较好，组织稳定性好；可用于代替高合金奥氏体铬镍钢	壁温≤600℃的过热器管和再热器管	苏联	TY 14-3-460-1975	12X2MФCP
12Cr3MoVSiTiB	12Cr3MoVSiTiB 钢属于贝氏体低合金热强钢，是我国研制的多元低合金耐热钢。在600℃下，有足够高的持久强度和抗氧化性能，无热脆倾向，组织稳定性好。回火后冷却速度对钢的性能无明显影响，但回火温度超过710℃以后，持久强度将明显下降。为保证该钢有较好的高温性能，回火温度不宜太高	壁温≤600℃的过热器管和再热器管			
T23	T23 贝氏体耐热钢（简称 T23 钢）是日本住友公司在20世纪80年代开发研制的一种新型低合金高强度耐热钢，日本牌号为 HCM2S。它是在 2.25Cr-1Mo（T22）钢的基础上，参照我国研制的钢 102 的合金化原理，用 W 部分代替 Mo，并降低 C 的含量，同时在钢中加入少量的 Nb、V、B；该钢种采用多元素复合强化，持久强度大幅提高，在 550~625℃范围内，许用应力大约是 2.25Cr-1Mo 钢的 1.8 倍，几乎与 T91 相媲美	壁温≤580℃的过热器管和再热器管	日本	JIS	HCM2S

续表 2-3

钢号	特性	主要应用范围		类似钢号
X20CrMoV121	X20CrMoV121 钢是德国 12% Cr 型马氏体热强钢，德国曼内斯曼钢管厂牌号为 F12。由于钢中添加有 Mo、V 和 Ni 等合金元素，使钢具有较高的抗氧化性能，在空气和介质中的抗氧化能力可达 700℃。该钢的组织稳定性能良好，但钢的热强性能低于 F11 和钢 102，工艺性能和焊接性能较差。钢中加入 0.40% ~ 0.60% 的钨即成为 X20CrMoWV121 (F11) 钢，德国曼内斯曼钢管厂牌号为 F10，其制造工艺和推荐采用的性能数据与 F12 相同	壁温 540 ~ 560℃ 的集箱和蒸汽管道，以及壁温达 610℃ 的过热器管和壁温达 650℃ 的再热器管	苏联　　瑞典	ГОСТ 5520—1979 SANDVIK　　1X12B2Mφ HT9
T91/P91	T91/P91 钢属于改良型的 9Cr-1Mo 高强度马氏体耐热强钢，是美国在 T9 的基础上，通过降低碳含量，添加合金元素 V 和 Nb，控制 N 和 Al 含量，使钢不仅具有高的抗氧化性能和抗高温蒸汽腐蚀性能，而且还具有良好的冲击韧性及焊接性能。在使用温度低于 620℃ 时，该钢的持久塑性及热强性能可达到其他同种热耐热钢和高于奥氏体耐热钢，特别是与奥氏体同种热耐热钢焊接接头，其热强性能还具有优良的导热系数和较小的线膨胀系数	用于亚临界、超临界锅炉壁温达 650℃ 的过热器和再热器，壁温为 600℃ 以下的集箱和管道	中国　　德国	GB 5310—2017 DIN 17175　　10Cr9Mo1VNbN X20CrMoVNb91
E911	E911 (T911/P911) 钢是由欧洲 COST 项目研究开发的，是在 T91/P91 钢的基础上加入 0.9% ~ 1.1% W 而形成的。它的耐蚀性和抗氧化性能却优于 T91/P91 钢相同，但高温强度和蠕变性能却优于 T91/P91 钢。与新型奥氏体耐热钢 TP347H 相比，价格低，热膨胀系数小，热导率高和抗疲劳性能强，焊接性及加工性能好	壁温 ≤625℃ 的过热器管和再热器管	中国　GB 5310—2017　11Cr9Mo1W1VNbBN	

续表 2-3

钢号	特性	主要应用范围	类似钢号		
T92/P92	T92/P92 是由日本新日铁公司在 T91/P91 合金成分的基础上通过加入 1.75% 的 W 取代部分 Mo，用钒、铌元素微合金化并控制硼和氮元素含量的铁素体类耐热钢（9% Cr，1.75% W，0.5% Mo），比其他铁素体类耐热钢具有更强的高温强度和蠕变性能，它的抗腐蚀性和抗氧化性能等同于其他含 9% Cr 的铁素体类耐热钢。由于它具有较高的蠕变性能，可以减轻锅炉管道部件的质量，因此目前国内超超临界机组普遍选择 P92 作为主蒸汽管道和再热段用管道材料。它的抗热疲劳性能强于奥氏体耐热钢，热导率和膨胀系数远优于奥氏体耐热钢	适用于蒸汽温度为 580~600℃的锅炉过热器和再热器管子（金属最高壁温 600~620℃），P92 钢适用于蒸汽温度不超过 625℃的管道和集箱	中国	GB 5310—2017	10Cr9MoW2VNbN
TP304H	TP304H 钢属于 18-8 型铬镍奥氏体耐热钢，具有良好的耐热、高的持久强度、良好的耐腐蚀性能和组织稳定性，冷变形能力非常高，抗氧化温度最高可达 850℃。使用温度可达 650℃	大型锅炉的再热器管、过热器管及蒸汽管道。用于锅炉管的允许 SUS 抗氧化温度为 705℃	中国 美国 日本	GB 5310—2017 ASTM A213 JIS G 4303—1981	07Cr19Ni10 TP304H SUS 304
TP347H	TP347H 钢是使用铌稳定的铬镍奥氏体耐热钢，具有较高的热强性和抗晶间腐蚀性能，在酸和很多酸、碱和海水中都有很好的耐蚀性、抗氧化性能好，具有良好的弯管和焊接性能，好的组织稳定性	大型锅炉的再热器管、过热器管及蒸汽管道。用于锅炉管的允许抗氧化温度为 705℃	中国 美国 日本 日本	GB 5310—2017 ASTM A213—1992 JIS G 43463—1988 JIS G 43459—1988	07Cr18Ni11Nb TP347 SUS 347TB SUS 347TP

续表2-3

钢号	特性	主要应用范围	类似钢号	
Super304H	Super304H（18Cr—9Ni—3Cu—Nb—N）奥氏体耐热钢，是日本住友金属株式会社和三菱重工在 ASME SA213 TP304H 奥氏体耐热钢的基础上开发成功的一种经济型奥氏体耐热钢，是 TP304H 钢的改进型。为提高蠕变断裂强度加入了 3% 左右的 Cu，即在蠕变中 Cu 富集相在奥氏体基体中微细分散共格析出，大幅度提高了材料的蠕变断裂强度。通过复合加入 Nb，N 元素达到进一步提高高强度材料的高温强度和持久性能	用于超（超）临界机组参数锅炉的过热器、再热器管	中国 美国	GB 5310—2017 ASTM A213M	10Cr18Ni9NbCu3BN S30432
HR3C	HR3C 钢是日本住友公司在 TP310 基础上通过复合添加 Nb，N 合金元素研制出的一种新型奥氏体耐热钢。利用钢中析出细小的 CrNb 化合物和 Nb 的碳氮化物以及 $M_{23}C_6$，来对钢进行强化，使钢具有较高的高温强度，综合性能较其他 TP300 系列奥氏体耐热钢优良。由于铬含量高，因此 HR3C 钢的抗氧化和抗高温腐蚀性能优于 18-8 型耐热钢，与具有相同含量的 310 耐热钢类似，是超超临界和高硫燃煤锅炉和高温锅炉的首选材料之一	用于超（超）临界机组参数锅炉受热面管子	中国 美国	GB 5310—2017 ASTM A213M	07Cr25Ni21NbN S31042

2.3.3 受热面常用钢材焊接工艺

受热面常用钢材焊接工艺见表2-4。

表2-4 受热面常用钢材焊接工艺

钢号	焊接方法	焊接材料（规格/mm）	焊接电流/A	焊接电源	焊前预热	焊后热处理
20G	GTAW	TIG-J50（φ2.5）	90~110	直流正接	对于小管径、薄壁的受热面管子，可以不预热。但当环境温度较低或焊件厚度较大时，可以适当预热到150~200℃	对于壁厚大于30mm的管道、管件或壁厚大于32mm的碳素钢容器，焊后应做580~620℃的热处理
	GTAW+SMAW	TIG-J50（φ2.5）	90~110	直流反接		
		J507（φ3.2）	120~140			
		J507（φ4.0）	130~150			
15Mo3	GTAW	TIG-R10（φ2.5）	90~110	直流正接	对于小管径、薄壁管，焊前一般不需要预热。对于壁厚较大的管道、管件或者联箱，焊前氩弧焊打底预热温度为100℃，电焊填充、盖面预热到200~250℃	对于壁厚不大于10mm、直径不大于108mm的焊接接头采取焊前预热、焊后缓冷措施的焊接接头可以不做热处理。其他管道、管件焊后做650~700℃的热处理
	GTAW+SMAW	TIG-R10（φ2.5）	90~110	直流反接		
		R107（φ3.2）	120~140			
		R107（φ4.0）	130~150			
12CrMoG	GTAW	TIG-R30（φ2.5）	90~110	直流正接	对于小口径、薄壁管，焊前一般可不预热。对于壁厚较大（>16mm）的管道、管件或者联箱，焊前氩弧焊打底预热温度为100℃，电焊填充、盖面预热到150~200℃	对于壁厚不大于10mm、直径不大于108mm，采用全氩弧焊或低氢型焊条、焊前预热、焊后缓冷的焊接接头可以不做热处理。其他管道、管件焊后应做650~700℃的热处理
	GTAW+SMAW	TIG-R30（φ2.5）	90~110	直流反接		
		R207（φ3.2）	120~140			
		R207（φ4.0）	130~150			
15CrMoG	GTAW	TIG-R30（φ2.5）	90~110	直流正接	对于小口径、薄壁管，焊前一般可不预热。对于壁厚较大的管道、管件或者联箱，焊前氩弧焊打底预热温度为100℃，电焊填充、盖面预热到150~200℃	于壁厚不大于10mm、直径不大于108mm，采用全氩弧焊或低氢型焊条、焊前预热、焊后缓冷的焊接接头可以不做热处理。其他管道、管件焊后应做670~700℃的热处理
	GTAW+SMAW	TIG-R30（φ2.5）	90~110	直流反接		
		R307（φ3.2）	120~140			
		R307（φ4.0）	130~150			

续表 2-4

钢号	焊接方法	焊接材料（规格/mm）	焊接电流/A	焊接电源	焊前预热	焊后热处理
10CrMo910	GTAW	TIG-R40（φ2.5）	90～110	直流正接	对于小口径、薄壁管、全氩弧焊焊前一般预热100℃。对于壁厚较大的管道、管件或者联箱，焊前氩弧焊打底预热温度为100℃，电焊填充、盖面预热到200～300℃	焊后应做720～750℃的热处理
	GTAW+SMAW	TIG-R40（φ2.5）	90～110			
		R407（φ3.2）	120～140	直流反接		
		R407（φ4.0）	130～150			
12CrMoV	GTAW	TIG-R31（φ2.5）	90～110	直流正接	对于小口径、薄壁管、全氩弧焊焊前一般预热100℃，对于壁厚较大的管道、管件或者联箱，焊前氩弧焊打底预热温度为100℃，电焊填充、盖面预热到200～300℃	对于12CrMoVG壁厚不大于8mm、直径不大于108mm、采用氩弧焊或低氢型焊条、焊前预热和焊后适当缓慢冷却的焊接接头可以不做热处理，其他的接头焊后应做700～720℃的热处理
	GTAW+SMAW	TIG-R31（φ2.5）	90～110			
		R317（φ3.2）	120～140	直流反接		
		R317（φ4.0）	130～150			
12Cr1MoVG	GTAW	TIG-R31（φ2.5）	90～110	直流正接	对于小口径、薄壁管、全氩弧焊焊前一般预热100℃，对于壁厚较大的管道、管件或者联箱，焊前氩弧焊打底预热温度为100℃，电焊填充、盖面预热到200～300℃	对于12CrMoVG壁厚不大于8mm、直径不大于108mm、采用氩弧焊或低氢型焊条、焊前预热和焊后适当缓慢冷却的焊接接头可以不做热处理，其他的接头焊后应做720～750℃的热处理
	GTAW+SMAW	TIG-R31（φ2.5）	90～110			
		R317（φ3.2）	120～140	直流反接		
		R317（φ4.0）	130～150			

续表 2-4

钢号	焊接方法	焊接材料（规格/mm）	焊接电流/A	焊接电源	焊前预热	焊后热处理
12Cr2MoWVTiB	GTAW	TIG-R34（φ2.5）	90~110	直流正接	对于小口径、薄壁管，全氩弧焊焊前一般可预热100℃。氩弧焊打底预热温度为100℃，电焊填充、盖面预热到200~300℃	对于壁厚不大于6mm、直径不大于63mm、采用全氩弧焊或低氢型焊条、焊前预热焊后适当缓慢冷却的焊接接头可以不做热处理，其他的焊接接头焊后应做750~770℃的热处理，保温时间按3min/mm计算
	GTAW+SMAW	TIG-R34（φ2.5）	90~110			
		R347（φ3.2）	120~140	直流反接		
		R347（φ4.0）	130~150			
12Cr3MoVSiTiB	GTAW	TIG-R34（φ2.5）	90~110	直流正接	对于小口径、薄壁管，全氩弧焊焊前一般可预热100℃。氩弧焊打底预热温度为100℃，电焊填充、盖面预热到200~300℃	焊后热处理温度为750~770℃，保温30~45min
	GTAW+SMAW	TIG-R34（φ2.5）	90~110			
		R417（φ3.2）	120~140	直流反接		
		R417（φ4.0）	130~150			
T23	GTAW	TGS-2CW（φ2.5）	90~110	直流正接	对于壁厚小于13mm的T23小径管焊接可以不预热，大于13mm的管子焊前预热温度为150~200℃	对于小径管，如果确实需热处理，可以在720~740℃范围内加热，保温时间以lin（25.4mm）至少1h计算，最少不小于30min。对于大径管，焊后缓慢冷却到20~100℃，以50~120℃/h速度加热至750℃，保温1~4h，以100~150℃/h速度冷却
	GTAW+SMAW	TGS-2CW（φ2.5）	90~110			
		CM-2CW（φ3.2）	120~140	直流反接		
		CM-2CW（φ4.0）	130~150			

钢号	焊接方法	焊接材料（规格/mm）	焊接电流/A	焊接电源	焊前预热	焊后热处理
X20CrMoV121	GTAW	TIG-R81（φ2.5）	90~110	直流正接	对于壁厚大于25mm的管道焊接，预热温度在400℃以上，对于壁厚小于25mm的管道焊接，预热温度可以适当降低到300~350℃。预热温度也不能太高，其上限温度为450℃	焊后必须冷却到80~100℃，保温0.5~1h，焊接接头焊后应做750~770℃的热处理
	GTAW+SMAW	TIG-R81（φ2.5）	90~110			
		R817（φ3.2）	120~140	直流反接		
		R817（φ4.0）	130~150			
T91/P91	GTAW	TGS-9cb（φ2.4）	90~100	直流正接	对于小口径，薄壁管，全氩弧焊焊前一般可预热150℃。氩弧焊打底预热温度为150℃，电焊填充、盖面预热到200~250℃	焊后缓慢冷却至100~120℃，以≤150℃/h速度加热，至（760±10）℃，保温>4h，以≤150℃/h速度冷却
	GTAW+SMAW	TGS-9cb（φ2.4）	90~100			
		CM-9cb（φ3.2）	120~140	直流反接		
		CM-9cb（φ4.0）	130~150			
E911	GTAW	Thermanit MTS911（φ2.4）	90~100	直流正接	对于小口径、薄壁管，全氩弧焊焊前一般可预热150℃。氩弧焊打底预热温度为150℃，电焊填充、盖面预热到250~300℃	E911钢回火温度为750~770℃。焊后应冷却到100℃左右保温，以使其完全转变为马氏体之后，再进行焊后热处理，而且焊后热处理必须尽快进行，否则易产生冷裂纹
	GTAW+SMAW	Thermanit MTS911（φ2.4）	90~100			
		Thermanit MTS911（φ3.2）	120~140	直流反接		
		Thermanit MTS911（φ4.0）	130~150			
T92/P92	GTAW	Thermanit MTS616（φ2.4）	90~100	直流正接	氩弧焊打底预热150℃，电焊填充预热到200~250℃	焊后缓慢冷却至80~100℃，以≤150℃/h速度加热至（760±10）℃，保温>4h，以≤150℃/h速度冷却
	GTAW+SMAW	Thermanit MTS616（φ2.4）	90~100			
		Thermanit MTS616（φ3.2）	120~140	直流反接		
TP304H	GTAW	H0Cr19Ni9（φ2.0）	80~90	直流正接	焊前不需要预热	焊接接头一般不做焊后热处理，或者将焊接接头做固溶处理，即加热到（1066±28）℃时保温15min后快速冷却
	GTAW+SMAW	H0Cr19Ni9（φ2.0）	80~90			
		A102（φ3.2）	90~110	直流反接		
		A102（φ4.0）	100~130			

钢号	焊接方法	焊接材料（规格/mm）	焊接电流/A	焊接电源	焊前预热	焊后热处理
TP347H	GTAW	18-8Ti（φ2.0）	80～90	直流正接	焊前不需要预热	焊接接头一般不做焊后热处理，或者将焊接接头做固溶处理，即加热到（1177±28）℃时保温 30min 后快速冷却
	GTAW+SMAW	18-8Ti（φ2.0）	80～90	直流反接		
		A132（φ3.2）	90～110			
		A132（φ4.0）	100～130			
Super304H	GTAW	YT-304H（φ2.0）	80～90	直流正接	焊前不需要预热	焊后热不需要做热处理，或者做 1120～1150℃、保温 15～30min 的固溶处理
HR3C	GTAW	YT-HR3C（φ2.4）	80～90	直流正接	焊前不需要预热	焊后一般不需进行热处理，或者进行 1175℃、保温 15～30min 的固溶处理

2.4 受热面热喷涂表面强化

2.4.1 受热面管道表面强化的传统方法及其局限性

针对受热面管道的热腐蚀及磨损问题，人们采取了多种方法来预防及治理。具体措施如下：

（1）增设卫燃带。卫燃带一般为难熔、耐热搪瓷或耐火材料，虽然价格低廉，但在焦渣和热应力的作用下，卫燃带会出现气孔、裂纹、减薄甚至脱落，对管壁很难起到有效的防护作用。另外，卫燃带将引起管道导热率的下降，降低锅炉效率。

（2）使用护瓦。护瓦一般为不锈钢，紧固在重要管壁的表面，使管壁在低于腐蚀下限温度下使用。安装护瓦将降低热效率，易于翘起、变形，对于大面积实施成本过高。

（3）堆焊。堆焊层具有较好的耐磨、耐蚀性，但其焊层和基体易于脱离，焊层较厚，降低"四管"的热效率。同时，施工慢，难以大面积实施。

（4）应用复合管。复合管的外层为高铬合金，抗磨抗蚀性能很好，但其成本过高。

（5）表面渗铝及渗铬。渗铝管材的应用，取得了很显著的成绩。但取得成绩的同时，也存在一些不足：例如力学性能有所下降，且给焊接带来诸多不便；易在焊缝中形成气孔、夹杂、成型性变差、脱渣困难等缺陷。表面渗铝后，所形成的铝铁合金的塑性、韧性降低，在安装、运输过程中不能强力冲撞、扭弯、变形及局部过热，否则会使渗层脱落、开裂，影响使用效果。渗铬费用较高，而且渗铬需在容器中进行，因此对构件尺寸也有一定的要求，现场无法实施。

上述方法尽管在一定程度上解决了受热面管道的磨损及腐蚀问题，但是这些方法的不足限制了它们的应用。因此，人们开始选择具有优质、高效、环保特点的热喷涂方法来解决受热面管道的磨损及腐蚀问题。

2.4.2　热喷涂方法的选择

热喷涂治理受热面腐蚀及磨损问题不受受热面所采用材质的限制，无论是碳钢、低合金钢、耐热钢还是不锈钢，都可以用热喷涂方法实施强化。在较多的热喷涂方法中，火焰粉末喷涂、电弧喷涂和等离子喷涂都可以实现受热面管道的强化。近年来，热喷涂方法向高速度、高效率方向发展，所产生的高速火焰喷涂、高速电弧喷涂和高速等离子喷涂成为受热面强化的有力保障方法。比较而言，高速电弧喷涂在治理受热面防腐、防磨中应用比较广泛，原因是与高速等离子喷涂和高速火焰喷涂相比，高速电弧喷涂具有以下优势：

（1）性能优异。应用高速电弧喷涂技术，可在不提高工件温度、不使用贵重底材的情况下获得高的结合强度。

（2）效率高，单位时间内喷涂金属质量大。高速电弧喷涂的生产效率正比于电弧电流，特别适合受热面喷涂面积较大的工程实际情况。

（3）节能。高速电弧喷涂的能源利用率为57%，显著高于等离子喷涂的12%以及线材火焰喷涂的13%。

（4）经济。除能源利用率很高之外，由于电能的价格远远低于氧气和乙炔的价格，高速电弧喷涂的使用成本通常仅为线材火焰喷涂的1/10，设备投资一般在等离子喷涂的1/3以下。

（5）安全。高速电弧喷涂使用电和压缩空气，而无需氧气、乙炔等易燃气体，其安全性大大提高。

2.4.3　热喷涂材料的选择

根据喷涂层基体材料的不同，可以将电站金属部件表面强化热喷涂材料分为纯金属喷涂材料、Ni 基喷涂材料、Fe 基喷涂材料、Fe—Al 基喷涂材料等。

（1）纯金属喷涂材料。纯金属喷涂材料主要有用作装饰的 Cu 涂层材料，用作防腐蚀的 Zn 以及 Al 涂层材料。Zn 以及 Al 涂层的防腐蚀机理主要是在金属表面形成致密的金属氧化膜。同时，还可以通过阴极保护的方式，致使材料不被腐蚀。对于铝涂层来说，由于熔化了的金属铝丝在经过压缩气流雾化、高速喷射到工件表面形成涂层的过程中，形成了一层非常致密的氧化膜，而氧化膜具有自愈合能力，既能起到惰性的隔离防腐涂层作用，又能为损伤的涂层表面提供活性保护。锌涂层中，锌的电化学性好，可以通过"牺牲"自己来保护基体材料。

单一的纯金属喷涂材料很难适应受热面相对复杂的运行环境，因此在受热面管道治理工程上应用较少。

（2）Ni 基喷涂材料。Ni 基喷涂材料是发展较早较为成熟的金属材料，也是目前针对受热面治理中被广泛采用的喷涂材料。例如 20 世纪 80 年代中期产生的 45CT 喷涂材料，其名义成分为（质量分数）：Cr 43%、Fe 0.1%、Ti 4%，其余为 Ni。该材料的热膨胀系数与碳钢管材料非常接近，大大减少了应用该涂层过程中机械剥落的可能性。合金中 Ni 含量高，使涂层的脆性降低。材料中加入 Ti 元素，使涂层的结合强度明显提高。类似的喷涂材料还有 Densys DS—200 保护涂层材料，其名义成分为（质量分数）：Cr_2C_3 75%、CrNi 25%。该材料是一种金属陶瓷材料，涂层具有极低的孔隙率、非常细的晶粒、均匀的组织和较高的结合强度及硬度。此外，还具有很好的抗高温腐蚀、冲蚀性能，适于锅炉管道的防护。进入 21 世纪产生的 Ni 基 Armacor M 丝材经喷涂后，涂层构成含有非晶态组织，具有很高的耐磨性与很强的抗腐蚀性。LX34、PS45、LX88A 等喷涂材料也被广泛应用过。利用超音速电弧喷涂这些 Ni 基喷涂材料，经实践检验涂层稳定可靠并对锅炉受热面具有良好的抗磨防护作用。

（3）Fe 基喷涂材料。Fe 基喷涂材料主要以不锈钢合金丝作为喷涂材料，利用高速电弧喷涂方法制备热喷涂涂层，如 3Cr13、7Cr13、1Cr18Ni9Ti 等。利用高速电弧喷涂制备的 1Cr18Ni9Ti 热喷涂涂层，平均年腐蚀最大为 0.15mm，仅为 A3 钢腐蚀的 1/16，并且受焊接热影响后不会影响其抗腐蚀性能，是一种较好的防腐蚀措施。对电弧喷涂不锈钢涂层的冲蚀性能的研究表明，3Cr13 涂层的抗冲蚀性能优于 1Cr18Ni9Ti 涂层，表面磨光的涂层的抗冲蚀性能优于表面未磨光的涂层。在受热面表面强化中，Fe 基喷涂材料往往不单独使用，而是作为打底层与其他涂层材料联合制备复合涂层。

（4）Fe—Al 基喷涂材料。Fe—Al 为有序金属间化合物，这类合金具有优良的抗氧化和抗硫化性能、多种介质中的抗腐蚀性和较高的高温强度、密度低、不含贵重合金元素、成本较低，是一种潜在的理想高温结构材料。随着 Fe—Al

合金材料研究的不断深入，以 Fe-Al 系列为基体的热喷涂材料的研究也不断取得进展。利用高速电弧喷涂方法，在结构材料表面制备 Fe_3Al/WC 复合涂层并对比研究了该涂层的抗高温冲蚀性能。结果表明，高速电弧喷涂 Fe_3Al/WC 涂层具有良好的抗高温冲蚀、抗磨损和抗氧化综合性能。采用高速电弧喷涂技术，在结构材料上喷涂 Fe-Al/WC 金属间化合物复合涂层，采用数值计算方法模拟了高速电弧喷涂 Fe-Al 合金雾化熔滴的动力学和热传输过程，用数字高速摄像方法观察和分析了 Fe-Al 粉芯丝材的动态冶金过程，为这种金属间化合物复合涂层的大规模工业应用奠定了理论基础。利用高速电弧喷涂方法制备 Fe-Al/Cr_3C_2 金属间化合物复合涂层，结果表明，对 Fe-Al/Cr_3C_2 复合涂层具有较高的热震结合强度、显微硬度以及抗腐蚀性能、抗高温冲蚀性能和抗高温摩擦磨损性能。

在受热面表面强化过程中，综合考虑喷涂部位及运行工况，选择恰当的喷涂材料。通过大量试验研究，以一种超硬耐磨喷涂丝材为例进行锅炉受热面管道防磨防腐治理。超硬耐磨喷涂丝材具有超常的耐磨性能，是基于它所具有的非晶态结构和硬质相与塑性相的合理搭配。它是依据 CFB 炉受热面所经受的低角度冲蚀磨损机理而特别设计与研制的。涂层由陶瓷硬质相与金属塑性相组成，涂层具有优良的物理与力学性能：与基体的结合强度为 60.5MPa，硬度 HV0.3 达 1015，孔隙率小于 1%。采用电弧喷涂能取得这种指标，表明了涂层具有非凡的特性，处于国际先进水平。涂层主要成分（%）：Mo、B、C、Fe、Al 等（含非晶态）B-C 硬质相即陶瓷相与塑性相两大组分构成，并加入放热性成分。在喷涂过程中发生放热反应，强化涂层与基体，以及涂层间颗粒的结合。涂层由硬质相与包裹在外围的塑性相组成。坚固的硬质相具有特殊的晶形，其分布必须符合一定的体积密度要求，当外界的颗粒以一定的速度冲击到这些硬质相时，能有效地抵御外来粒子所造成的磨损效应，而塑性相则保护硬质点不会因工作的疲劳等因素被剥离。同时，涂层的微观结构与冲蚀颗粒之间有一定的配比关系，使冲蚀颗粒不对涂层产生失效，保证了涂层具有优异的耐冲蚀及磨粒磨损性能。

2.4.4　热喷涂工艺的选择

热喷涂工艺的选择包括以下几个方面。

（1）表面预处理。根据中华人民共和国国家标准《热喷涂　金属零部件表面的预处理》（GB/T 11373—2017）规定，采用喷砂处理。

首先用精制石英砂处理，使待喷涂工件表面清洁度 S_a 达到 3，即完全去除氧化皮、锈、污垢等附着物，同时进行表面粗糙化处理，表面粗糙度 R_z 达到 $80 \sim 120\mu m$。预处理质量好坏，对涂层的附着力、外观、涂层的性能等方面有影响。

预处理工作做得不好，锈蚀仍会在涂层下继续蔓延，使涂层成片脱落。

喷砂是采用压缩空气为动力形成高速喷射束，将喷料（铜矿砂、石英砂、铁砂、海砂、金刚砂等）等高速喷射到需处理工件表面，使工件外表面的外表发生变化。由于磨料对工件表面的冲击和切削作用，工件表面获得一定的清洁度和不同的粗糙度，使工件表面的力学性能得到改善，因此提高了工件的抗疲劳性，增加了它和涂层之间的附着力，提高了涂层的结合强度。

喷砂使用的压缩空气必须干燥、无油，喷砂机喷口处压力为 0.5 ~ 0.7MPa，磨料的喷射方式与工作面法线之间的夹角一般取 15°（不能超过 30°），喷砂嘴到工件的距离一般为 100 ~ 150mm。操作时应注意除喷砂操作人员外应设有监护人，负责开气、关气等。表面预处理后的工件应尽快进行喷涂，根据气候条件，应在 12h 内完成喷涂工作。

（2）喷涂工艺。喷涂工艺参数在要求的范围内控制和调节，保持调节规范的稳定性。喷涂工艺参数：电喷涂电流 50 ~ 350A，电喷涂电压 36 ~ 39V；主压缩空气压力 0.5 ~ 0.7MPa；喷涂距离 100 ~ 150mm，涂层厚度 0.8 ~ 1.0mm。

在喷涂过程中，采用"井"字形喷涂方式，保证涂层厚度均匀，防止出现漏喷现象。喷涂过程中如出现送丝不稳定，应立即停止，检查送丝导电嘴是否需要更换，送丝管安装是否牢固。喷涂过程中应设工作监护人，负责观察送丝机的送丝情况，防止丝材打结造成短路。

（3）封孔处理。喷涂完成后，采用抗高温耐磨封孔剂立即进行封孔处理，以形成性能优异的复合涂层。

（4）涂层检验。受热面热喷涂时，现场实施的有效检测手段是涂层厚度和硬度。除了尺寸公差以外，涂层厚度在磨损、腐蚀过程中都是非常重要的参数并与经济价值有关。受热面涂层厚度均大于 0.3mm，通常采用卡尺、量规和重力仪用来测量厚度。对喷涂试样进行表面磨光后，就可以进行硬度试验。试验时，可根据喷涂层的性能和试样的具体情况，分别选用布氏硬度计、洛氏硬度计和维氏硬度计。布氏硬度试验适用于喷涂层较厚（>1mm）而且面积较大的试样。同样，普通洛氏硬度试验由于所用负荷较大，也不宜用于测定极薄的喷涂层。在喷涂层厚度不够时，需用表面硬度试验，然后换算为一般硬度值。

2.4.5 热喷涂表面强化效果

经过高速电弧喷涂修复后的锅炉受热面，达到以下技术指标：

喷涂涂层厚度 0.8mm；涂层结合强度不小于 55MPa；涂层硬度 HRC55 ~ 65；涂层孔隙率不小于 0.9%。

喷涂层表面平整、光洁、致密、不起尘和不鼓泡，基材不变形。喷涂后不影响受热面传热，不影响原受热面管材的理化性能，如图 2-24 和图 2-25 所示。

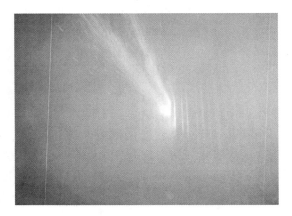

扫一扫看彩图

图 2-24　受热面喷涂进行中

扫一扫看彩图

图 2-25　受热面喷涂结果

3　铸钢、铸铁部件修复

铸钢、铸铁部件广泛应用到电站汽轮机汽缸、蒸汽室、喷嘴室、隔板、阀门，以及锅炉阀门和管道附件中。这些金属部件因制造、安装和运行的原因，常常会出现一些裂纹或孔洞，对这些裂纹或孔洞，最经济、快捷的修复方法就是进行焊接。本章主要阐述了铸钢件的焊接方法、焊接材料、焊接工艺，并结合典型案例论述焊接修复效果；阐述了铸铁件焊接修复的焊接特点及焊接工艺要点，供技术人员参考。

3.1　铸钢部件修复

3.1.1　铸钢部件概述

铸钢的强度和韧性比铸铁或其他铸件都优越，焊接性也良好，因此铸钢广泛用在电力金属部件制造中。铸钢作为部件在电站金属结构部件中所占比重较大，因此铸钢件的焊接、补焊修复工作量也较大。

铸钢的化学成分与轧材、锻件几乎完全相同，具有一定的力学性能，随着合金成分的增加具有相当的高温性能。对高温下工作的铸件还必须具有一定持久强度和蠕变强度、良好的抗热疲劳性能和抗氧化性。

铸钢与锻钢比较，在截面尺寸不大、形状和热处理条件相似的情况下，铸钢和锻钢的力学性能大致相似。铸钢的强度和塑性介于纵向和横向性能的变化范围之内，铸钢还有各向同性的优点。但是随着铸钢件壁厚的增加，冶金缺陷（如气孔、疏松、铸态组织等）对力学性能的影响要比锻件更为突出，因此厚壁铸钢件尽管强度和锻件相似，但其塑性和韧性要比锻件低。对于大型铸钢件多采用正火、回火作为最终热处理的力学性能等级比同钢号的锻件低，因此在对铸钢部件实施焊接时要综合给予考虑。

3.1.2　铸钢件的工作条件及性能要求

电站铸钢件的工作条件如下：

（1）汽轮机汽缸是一个静止的密闭容器，其作用是将蒸汽与大气隔绝，形成将汽流热能转换为机械能的封闭空间。在运行时，它主要承受转子和其他静止部件（如隔板、喷嘴室等）的部分重量作用，汽缸外部各种连接管道的作用力及由蒸汽流出喷嘴时产生的反作用力和汽缸内外压差的作用。在机组启停和工况变化时，它还要承受由缸体各方向上的温差引起的热变形和热应力的作用。

（2）隔板是汽缸中用于固定喷嘴叶片，并形成汽轮机各级之间分隔间壁的部件，运行时要承受由蒸气压力差产生的应力作用。

（3）蒸汽室和喷嘴室主要承受高温和内压应力的作用，随着启动和负荷变动次数的增多，可能会产生热疲劳裂纹。

（4）阀门安装于汽水管道时，用于实现汽水流动的启停和调节功能。运行中，阀门除承受介质温度和进出口高压差的作用力外，还要承受工质的冲蚀、磨损和热应力的作用。

铸钢件工作条件对制造铸钢件材料具备相关性能要求：

（1）铸钢件形状复杂，尺寸也较大，为防止铸钢件产生缺陷，要求材料具有良好的浇注性能，即良好的流动性、小的收缩性。为此，铸钢中的碳、硅、锰含量应比锻、轧件高一些。

（2）铸钢件多在高温及复杂应力下长期工作，有时还要承受较大的温度补偿应力。因此应具有较高的持久强度和塑性，并具有良好的组织稳定性，以免由于铸钢强度使铸件壁厚过厚、导致部件结构不合理，给制造带来困难。

（3）对于有疲劳载荷作用的铸钢件（如汽缸和蒸汽室）用钢，应具有良好的抗疲劳性能。钢件在运行时可能受到水击作用及运输、安装时承受动载荷，因此应具有较高的冲击韧性。

（4）为减少铸钢件的高温蒸汽冲蚀与磨损，铸钢应具有一定的抗氧化性能和耐磨性能。

（5）铸钢件与管道的连接大部分采用焊接方式，铸钢应具有令人满意的焊接性能，选材时主要依据铸钢件的工作温度和钢材的最高允许使用温度进行选用。对于形状复杂的铸钢件（如汽缸）中产生的危害性铸造缺陷，必须彻底消除后，用补焊的方法治理。

3.1.3　铸钢部件焊接补焊修复

3.1.3.1　铸钢件分类及用途

汽轮机铸钢件按使用材料性质可以分为碳素钢铸件、低合金钢铸件和高合金钢铸件。汽轮机主要铸钢件材料见表3-1。

表3-1　汽轮机主要铸钢件材料

分类	铸钢材料	部件名称
碳素钢铸件	ZG230-450	工作在400～450℃以下的汽缸、隔板、轴承箱、阀门等
	ZG270-500	

分类	铸钢材料	部 件 名 称
低合金钢铸件	ZG15Cr1MoA	工作在 510℃ 以下的内、外汽缸，阀体、蒸汽室、喷嘴室等
	ZG15Cr2Mo1	工作在 540℃ 以下的汽缸、主汽阀、喷嘴室、蒸汽室等
	ZG20CrMo	工作在 510℃ 以下的汽缸、主汽阀、隔板等
	ZG20CrMoV	工作温度在 540℃ 以下的汽缸、蒸汽室、阀体等
	ZG15Cr1Mo1V	工作温度在 570℃ 以下的汽缸、主汽阀、喷嘴室、蒸汽室、阀体等
高合金钢铸件	ZG1Cr10MoVNbN	工作温度 600℃ 以下的超临界汽轮机汽缸、主汽阀、蒸汽室、喷嘴室等
	ZG1Cr10MoWVNbN	超超临界汽轮机汽缸、阀体和其他铸件

3.1.3.2 修复工艺要点

焊接修复要点如下：

（1）焊接方法。在焊接方法中，对于形状复杂、位置困难、中厚壁件的焊接，宜采用操作灵活、方便的手工电弧焊。为了提高效率和焊接质量，在可操作的情况下采用气体保护焊和埋弧焊。对于薄壁件和打底层焊接可采用钨极氩弧焊。

（2）焊接材料。选择与铸钢件的化学成分和力学性能相匹配的焊接材料，同时尽量降低焊材的碳、硫和磷含量，适当加入防止裂纹的化学元素。焊条电弧焊选用碱性低氢焊条，以提高焊接接头的抗裂能力和力学性能。焊条选用和预热温度推荐见表 3-2。

表 3-2 焊条选用和预热温度推荐表

铸件材料牌号	选用焊条[①]		预热温度/℃	
	型号	牌号	焊接	气割，气刨
ZG230-450	E5016	J506	[②]	—
ZG270-500	E5015	J507	约 150[③]	[②]
ZG20CrMo	E5515-B2	R307	200~300	约 200[③]
ZG20CrMoV	E5515-B2-V	R317	250~300	约 250
	E5515-B2-VW	R327		
ZG15Cr1Mo1V	E5515-B2-VW	R327	300~400	200~300
	E5515-B2-VNb	R337		
ZG15Cr2Mo1	E6015-B3	R407	200~300	250~350
ZG15Cr1MoA	E5515-B2	R307	150~200	约 150

铸件材料牌号	选用焊条①		预热温度/℃	
	型号	牌号	焊接	气割，气刨
ZG0Cr13Ni4Mo	E410NiMo-15	E410NiMo	200～250	约200
ZG1Cr10MoVNbN		E91	250～300	200～250

注：①在设计和使用性能允许的情况下，可选用代用焊条。
　　②当厚壁铸件、刚性较大、缺陷范围较广或环境温度低于5℃时，应预热100℃左右。
　　③当铸件壁厚较薄、较均匀、形状简单和缺陷较小时，可不预热。

3.1.3.3　焊接工艺

补焊可采用焊条电弧焊进行，选用与补焊铸钢件匹配的焊接材料，小直径焊条，小电流焊接，补焊前焊条按要求充分烘干并存放在100～150℃的保温箱内，随用随取。在生产实践中，为保证工期和避免热处理，经常会采用镍基焊条采用冷焊的方式进行补焊。

焊接时应采用多层多道焊，层间严格清渣，防止夹渣，各道焊缝方向交替反向，使叠加应力能部分抵消。尤其重视收弧处的弧坑填满，防止产生弧坑裂纹，多层多道焊的接头应错开，根据根部间隙，不摆动或小幅度摆动进行焊接；从坡口侧向中心逐步进行，每层补焊后均要及时清除焊渣，除打底层不锤击之外，其余各层在清渣后均需进行锤击，锤击时先锤击焊道中部，后锤击焊道两侧，锤痕应紧凑整齐，避免重复，用力不可过猛，以免造成裂纹，每焊接1～2层，采用渗透探伤的方式检查焊道缺陷，直至焊完。焊完后打磨补焊区域表面，并平滑过渡到母材，保持焊缝表面平整光滑

3.1.3.4　焊前预热

电力金属部件所用铸钢在实施焊接时，焊前进行预热非常重要。其主要作用是降低焊接冷却速度，防止焊接接头出现淬硬组织，改善应力状况，防止裂纹产生。预热温度根据铸钢材料的种类、铸件的结构形式和厚度确定。

碳素钢和奥氏体不锈钢铸件，补焊部位的面积小于65cm²、深度小于20%铸件厚度或小于等于25mm，一般不需要预热和焊后消应力处理；否则，需要用氧-乙炔或电加热在缺陷部位并扩展20mm后加热至300～350℃，并保持一定时间开始补焊。但ZGr5Mo、ZG15Cr1Mo1V等珠光体铸件，应作预热处理，预热温度为200～400℃，保温时间应不少于60min。如铸件不能整体加热，用氧-乙炔在缺陷部位充分预热后，迅速补焊。

在铸钢焊接过程中要保持层间的温度。对于壁厚的大型铸件，在焊接过程中由于冷却速度快，而使预热温度降低，因此对层间温度提出了的具体要求。在焊

接过程中母材的焊接区域始终维持在热范围内，使焊前预热的作用得到持续保持。一般层间温度不低于预热温度，不超过预热温度50℃。

3.1.3.5 焊接后热处理

低合金耐热铸钢从焊接结束到进行热处理之前，接头极易产生裂纹。因此，如需移动铸钢件，必须轻吊轻放且避免冲击载荷。防止焊接接头裂纹的简单而可靠的措施是将焊接接头进行后热处理。

在等于或高于层间温度的条件下，保持一定的时间，这个温度与时间的选择与焊件的厚度、接头型式以及焊缝中初始含氢量和材料对氢裂纹的敏感性有关。一般在层间温度或以上100℃，保温2~3h进行后热处理。后热处理可加速氢的扩散逸出，从而避免形成延迟裂纹。如能做到焊后及时进行热处理或轻缺陷一般不需要后热处理；重缺陷、重大缺陷应进行去应力热处理或完全再加热处理。在生产实践中，一般不具备完全再加热的条件，而是采用氧-乙炔火焰或电加热局部加热的回火方式。不锈钢铸件补焊后一般不做热处理，补焊时应保证通风，以提高补焊区域冷却速度，其他材料铸件后热处理需按照各自的热处理要求加热并保温。采用镍基焊材补焊的铸件可不做后热处理，但焊接工作完成后，需将补焊部位加热至200~350℃，保持一定时间后采用保温棉将补焊部位进行覆盖，以减缓冷却速度，并让其自然冷却至室温。

对于低合金耐热钢可以焊后在预热温度下直接进行后热处理或者焊后热处理，而对于ZG1Cr10MoVNbN等12%Cr钢焊接后焊缝必须冷却到150~100℃保持1h方可进行后热处理或焊后热处理。

3.1.3.6 焊后热处理

对于低合金耐热钢铸钢件的焊后热处理，目的不仅是消除焊接残余应力，而且更重要的是改善组织、提高接头的综合力学性能和降低焊缝和热影响区的硬度。因此，简单地按比基材回火温度低30~50℃的消除应力温度进行焊后热处理时，经常导致接头强度和硬度偏高，而塑性尤其是韧性过低，往往造成力学性能满足不了技术要求。因此，多年来一直存在耐热钢焊后热处理温度如何确定的问题。

若按焊接材料要求的回火温度要高，而按消除应力要求的温度就低，工艺中必须考虑到各种钢材焊后热处理的目的和特殊性来综合考虑制定焊后热处理规范。最适宜的方法是在不影响原基材性能的情况下，选择基材回火温度的上限和焊接材料回火温度的下限这一温度范围进行回火（见表3-3）。在难以满足上述情况时，在低于焊接材料要求的回火温度时，适当增加保温时间，来力争达到焊后回火的目的和要求。

表 3-3　焊后回火温度

焊接材料		焊接铸钢材料			
焊条型号	焊后热处理	铸钢牌号	热处理回火/℃	去机械加工应力/℃	去焊接应力/℃
E5515-B2	690±15℃/1h	ZG20CrMo	640~660	570~590	600~620
		ZG15Cr1MoA	670~710	630~650	640~660
E5515-B2V	730±15℃/2h	ZG20CrMoV	700~720	630~650	670~690
E5515-B2VW	730±15℃/2h	ZG15Cr1Mo1V	730~750	630~650	700~720
E5515-B2VN	730±15℃/5h				
E6015-B3	690±15℃/1h	ZG15Cr2Mo1	700~720	630~650	650~670
E11MoVNi	740±10℃/4h	ZG1Cr11MoV	680~700		
E410	745±15℃/1h	ZG1Cr13	700~720		
		ZG2Cr13	730~740		
E410NiMo	595~620℃/4h	ZG0Cr13Ni4Mo	590~600		
E91（P91）	730~760℃/5h	ZG1Cr10MoVN	690~710	710~730	670~690

3.1.3.7　补焊修复注意事项

由于铸造工艺的局限性，在铸件表面或内部一般会存在气孔、夹砂（夹渣）、缩松甚至裂纹等缺陷，铸钢件在随系统运行过程中，受温度压力变化等的影响，缺陷延展形成影响机组安全运行的隐患，通常视缺陷的严重程度对铸钢件进行更换或修复处理。

在对铸钢件进行补焊修复前，首先要进行缺陷判定：一般采取目视、着色、磁粉、涡流、超声波等检查方法确定缺陷种类、尺寸，并标识出来。球形气孔、夹渣、夹砂注明直径；条形气孔、夹渣、夹砂注明宽度和长度，链条状裂纹注明长度。

铸件应按缺陷级别确定返修方案，不合格者应予报废。缺陷级别规定如下：

（1）微缺陷。缺陷去除后壁厚大于图样壁厚的最小值，只需将缺陷表面打磨平滑，不用焊补。

（2）轻缺陷。介于微缺陷和重缺陷之间的缺陷，缺陷深度大于 5mm 时，在缺陷清除后进行焊补。

（3）重缺陷。水压试验中阀体出现渗漏者，或缺陷清除后其凹坑深度超过壁厚20%或25mm（两者取小值），或焊补面积大于65cm²。

（4）重大缺陷：缺陷平均深度超过壁厚1/3或面积超过100cm²时，由制造单位的主要技术负责人协同使用单位技术负责人制定专项焊补工艺进行焊补，否则判废。补焊部位清理干净后，在焊补前应进行磁粉或液体渗透检测缺陷是否清除干净。

凡属下列类型的缺陷不允许焊补，应予以报废：超过规定的贯穿性裂纹、穿透性缺陷（穿底）、蜂窝状气孔、无法清除的夹砂夹渣或面积超过 $65cm^2$ 的缩松、所在部位无法焊补，或焊补后不能保证质量，或不能采取有效检查手段的；图样或订货合同中规定不允许焊补的缺陷等原则上不允许补焊。

能够实施焊补的缺陷经过确认，需进行缺陷清除。缺陷清除方法可以用碳弧气刨或机械进行打磨，采用碳弧气刨方式后必须严格清除气刨后的渗碳层，采用机械方法清除缺陷时，可用角磨光机、砂轮机、扁铲等工具。一般碳钢铸件缺陷剔除，也可采用大直径碳钢焊条大电流，将缺陷清除干净，用角磨机磨出金属光泽后进行补焊。裂纹等缺陷清除前应采取止裂措施，两端钻不小于 10mm 止裂孔，然后清除缺陷开坡口。补焊前需将缺陷清除干净，可采用渗透或磁粉探伤检验确认。

缺陷清理的同时，对焊接坡口进行设计。根据产品工件的结构、缺陷种类（裂纹、孔穴、气孔、夹砂、夹渣等）及壁厚确定坡口形式，并用碳弧气刨或机械进行开坡口，开设 U 形或方、圆形坡口，如图 3-1 所示，$\alpha = 10° \sim 15°$，$R = 6 \sim 10mm$。

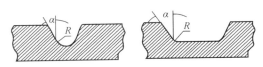

图 3-1　坡口形式

上述工作完成后，可参照焊接工艺对铸钢件缺陷实施补焊治理。

3.1.3.8　焊后检查

采用渗透或磁粉检测检查补焊部位，补焊区域不允许存在咬边、裂纹、未熔合、气孔、夹渣及低于相邻母材表面质量要求的缺陷。重缺陷补焊后，应进行有效的超声或射线检测，证明合格后方能使用，承压铸件补焊后需重新进行水压试验。

3.1.3.9　其他要求

承压铸件同一部位一般只允许补焊一次，不能重复补焊，除非铸件可以在焊后重新进行整体热处理；其他非承压铸件同一部位的补焊，一般规定不得超过 3 次。

3.1.4　铸钢部件修复工程应用

电站铸钢件修复中，补焊应用非常广泛。补焊一般分为冷焊和热焊两大类，常用焊补材料及工艺见表 3-4。

表 3-4   常用焊补材料及焊接工艺

铸件钢号	选用焊条		预热温度/℃	焊后热处理	
	热焊	冷焊		壁厚/mm	回火温度/℃
ZG230-450	J506 J507	A407	100	>30	600 ~ 650
ZG270-500	J506 J507	A307 A507	150	>30	600 ~ 650
ZG310-570	J606 J607	A407 A507	150 ~ 250	>30	600 ~ 650
ZG20CrMo	R307	A407 A412	200 ~ 300	>10	650 ~ 700
ZG20CrMoV	R317	A407 A412 A4507	250 ~ 350	>6	710 ~ 740
ZG15Cr1MoV	R317 R327 R337	t<500℃ A407 A412 t<565℃ A507	300 ~ 400	>6	710 ~ 740

3.1.4.1   冷焊

冷焊一般采用镍基焊条，不需要热处理，工艺简单，操作方便。但由于焊补为异种接头，在长期使用的过程中，特别是在一定温度下会产生碳迁移，造成熔合线处合金元素贫化，使之再次产生裂纹。

冷焊工艺要点为：

（1）打底层焊材依据舍夫勒（Schaeffler）图选择，焊接时尽可能用小规范，以减小熔合比，避免产生马氏体组织。

（2）填充层选用与母材等强度焊材，填充层焊接层数、焊接顺序十分关键，应选用跳焊，以分段退焊为佳。

（3）填充层应进行焊后跟踪锤击，降低应力。覆盖层高出母材 2 ~ 3mm。

（4）焊补后打磨平滑，作渗透探伤检验。

某发电厂 3 号机 2 号调速汽门，材质 ZG20CrMoV，裂纹处壁厚约 60mm。出厂前，厂家曾用镍基焊条焊补过。运行中沿焊补处产生多处裂纹，焊补后多次开裂。近期开裂裂纹部分如图 3-2 所示，其尺寸为：内壁两条裂纹，长度为 52mm和 40mm；外壁三条裂纹，长度分别为 18mm、80mm 和 10mm。外壁裂纹位于原补焊区的熔合线处，经打磨内外壁裂纹为穿透性。

采用 A407 规格 φ3.2mm，焊接过渡层采用 A507，填充层采用 A407，预热150℃。在处理过程中已裂透，先焊里面打底，再从外面焊。

通过试验，得出如下结论：2 号调速汽门原补焊处焊缝与母材接壤处有明显

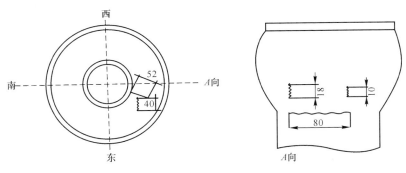

图 3-2　裂纹部分

的增碳层，奥氏体晶界有微裂纹，如图 3-3 和图 3-4 所示。焊缝组织为单相奥氏体，晶内为树枝状结晶，如图 3-5 所示。图 3-6 和图 3-7 为此补焊后母材热影响区与焊缝组织，热影响区为回火索氏体，焊缝为单相奥氏体。图 3-8 为两种不同的焊缝组织，A407 较易侵蚀，显示出晶界与晶内的树枝状结晶；A507 不易侵蚀。图 3-9 和图 3-10 为母材组织，组织为索氏体加珠光体。2 号调速汽门原焊补处裂纹产生的原因为奥氏体晶界裂纹在热疲劳应力作用下扩展而成。

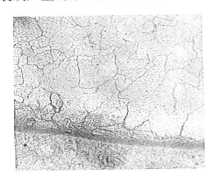

图 3-3　补焊前焊缝

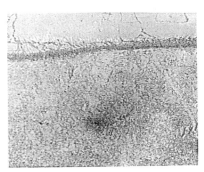

图 3-4　补焊焊缝热影响区

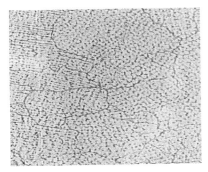

图 3-5　焊缝

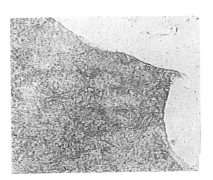

图 3-6　补焊后母材、焊缝

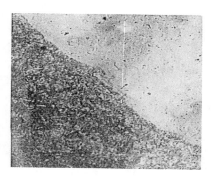

图 3-7　补焊后母材、焊缝

图 3-8　焊缝

图 3-9　母材（1）

图 3-10　母材（2）

3.1.4.2　热焊

热焊的特点是组织相同、性能相同，不存在异种钢焊接问题、性能好，寿命长，但工艺复杂、成本高。

热焊工艺要点：

（1）焊材选用比母材低一强度等级。

（2）依据母材组织性能制定焊补工艺曲线：包括预热焊接参数、焊接顺序、道数、层数、回火工艺等，焊接顺序十分关键，它能降低应力水平。

（3）对难回火的大部件、复杂部件可采用跟踪回火。

（4）焊后跟踪锤击可降低应力幅度。

（5）焊后应做宏观、表面、硬度、金相检验。

热焊在实际中应用广泛。

A　调速汽门裂纹挖补修复

缺陷情况：某电厂调速汽门，材质 ZG20CrMo。缺陷具体位置如图 3-11 ～

图 3-13 所示。厂家原补焊面积 170mm×150mm，在焊补区内侧汽室内侧有长 25mm、宽 3mm 的扁铁，在扁铁两端有长 58mm、深 25mm 的目视可见裂纹（缺陷 Ⅰ）。在此焊补区外壁上部有长 75mm、宽 15mm，呈近似 "U" 的夹杂，夹杂边还有一条长 55mm 的裂纹（缺陷 Ⅱ）。在调速汽门导汽管口处的内外壁上共有 6 处缺陷。缺陷 Ⅲ 在变截面处，裂纹长 380mm，局部深已达到 37mm，呈 "S" 开裂，走向宽度 95mm，裂纹从内壁开裂，外壁对应处有原厂家焊补区。缺陷 Ⅳ 在进汽管口 "6" 点钟处，有一条长 20mm、深 6mm，附近焊有钢筋的缺陷。缺陷 Ⅴ 在进汽口和汽室之间，有 2 个气孔及 2 个气孔联成的一条长 150mm、深 27mm 裂纹。

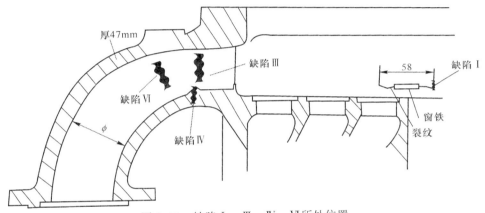

图 3-11　缺陷 Ⅰ、Ⅲ、Ⅳ、Ⅵ 所处位置

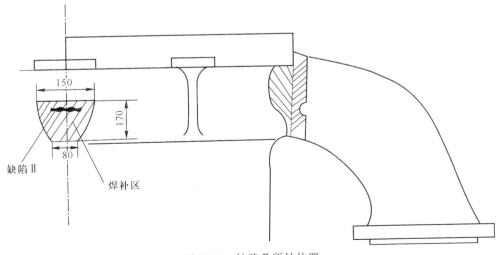

图 3-12　缺陷 Ⅱ 所处位置

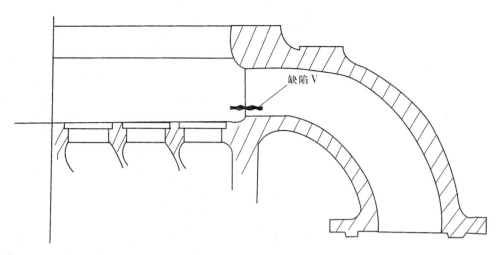

图 3-13　缺陷 V 所处位置

修复工艺要点：所有缺陷均采用热焊工艺，焊前预热 280℃，在此温度下施焊。焊接选用跳焊，分段退焊，每焊完一道立即跟踪锤击。焊后 680℃ 回火处理，保温时间 3min/mm，回火处理加热、冷却速度控制在 100℃/h，200℃ 以下自然冷却。经焊补处理后，该调速汽门焊补区域硬度、变形量检验合格，满足了当时运行的急需，至今运行状况很好。

B　高中压外缸中压进汽管之间缸体开裂修复

缺陷情况：某电站 300MW 空冷机组，汽轮机为亚临界、中间再热、两缸两排汽、直接空冷凝汽式汽轮机，运行中发现高中压外缸中压进汽管之间缸体开裂，如图 3-14 所示。高中压汽缸材料为 ZG15Cr1Mo1，壁厚 140mm，裂纹长度 1250mm，深度 100mm。

扫一扫看彩图

图 3-14　高中压外缸缸体开裂外观

修复工艺要点：采用机械打磨+碳弧气刨的方式消除缺陷后，氧–乙炔火焰加热预热，选用镍基焊材冷补焊并采用 SMAW+GMAW 两种方法进行焊接，以 GMAW 焊接为主，个别难以施焊部位采用 SMAW 焊接，修复过程严格控制修复工艺，焊接过程中持续采用渗透检测监督焊接质量。焊接完成后超声、渗透检测无异常。图 3-15 为修复焊缝表面状况，机组投运后缸体运行状况良好。

扫一扫看彩图

图 3-15　修复焊缝表面状况

C　给水逆止阀阀体外表面开裂修复

缺陷情况：某热电联产 300MW 机组，运行中检查发现给水逆止阀阀体外表面开裂，阀体材料为 ZG–WCB，设计壁厚 100mm，裂纹长约 150mm，深约 65mm。阀体裂纹形貌如图 3-16 所示。

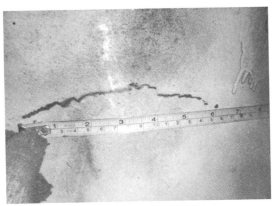

扫一扫看彩图

图 3-16　给水逆止阀阀体裂纹

修复工艺要点：阀体缺陷部位采用角磨机打磨的方式进行消除缺陷，此过程中结合渗透探伤对消除缺陷坡口部位进行探伤检测，补焊准备的坡口呈 U 形，根部圆滑过渡。采用电加热的方法整体缠绕预热，预热温度 100～150℃，之后采用 ENiCrFe-3 焊条补焊，焊条规格 φ3.2mm。严格控制层间温度及基体金属温度不超过 100℃，焊后电加热升温至 350℃保温 1.5h 后缓冷。修复后经超声、渗透检测无异常，修复表面状况如图 3-17 所示，投入运行后连续 4 年逐年复查未发现问题。

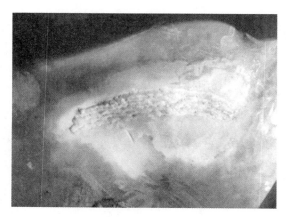

扫一扫看彩图

图 3-17　给水逆止阀裂纹修复表面状况

D　汽缸裂纹的检验分析与修复

缺陷情况：某电站 4 号机组大修期间，中压缸内上缸蒸汽室内壁经宏观检验发现 3 条裂纹，长度分别为 30mm、25mm、25mm，在打磨消除裂纹的过程中，裂纹连接成 1 条。最终将裂纹消除时，缺陷部位打磨长 110mm、宽 26mm、深 40mm，缺陷情况如图 3-18 和图 3-19 所示。中压缸内缸材质为 B64J-V，系法国钢种，相当于国产 ZG17Cr1Mo1。

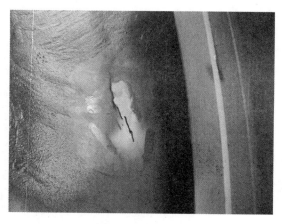

扫一扫看彩图

图 3-18　中压缸裂纹

扫一扫看彩图

图3-19 打磨后中压缸裂纹

修复方案：对打磨部位进行了补焊处理，补焊方案分为以下几个方面。

（1）焊前准备。焊条采用R407L，规格为φ3.2mm，焊条在使用前按照焊条使用说明进行烘干。修磨裂纹，采用砂轮或旋风铣清除裂纹，修磨后经着色探伤确保裂纹彻底清除。焊接部位局部用氧–乙炔火焰预热到150～200℃，加热范围以焊接部位为中心直径200mm，保证缸体内外壁热透、加热均匀。

（2）焊接工艺。采用手工电弧焊进行施焊，直流反接，焊接电流90～120A。采用小电流，多层多道焊，保证层间温度不高于200℃，注意层间焊渣要清理干净。采用短弧焊，起落弧位置要错开，各层间焊道要垂直（宽焊道）。除了底层和表层外，每焊接一道，在红热状态下，对焊道进行锤击（风镐）以消除应力；焊接高度高出母材2～4mm。

（3）焊后处理。用氧–乙炔火焰在焊道表面及周边200mm范围内加热10min，然后用石棉包布包裹缓慢冷却。打磨焊缝表面与母材圆滑过渡；采用MT探伤检查，表面不得有裂纹等超标缺陷。

3.2 铸铁部件修复

铸铁具有优良的铸造工艺性能和使用性能，生产工艺简单、成本低廉，广泛应用于机械制造、冶金、石油、矿山、交通运输、轻纺、建筑和国防等部门。

在各类机械中，铸铁件占机器总质量的45%～90%，在机床和重型机械中占机器总质量的85%～90%。铸铁焊接主要应用在两个方面：铸造毛坯缺陷的焊补修复和铸件使用中失效的焊补修复。

在电站设备运行中主要焊补修复工作为在役金属部件损坏的修复，下面主要介绍灰口铸铁的手工电弧焊冷焊方法。

3.2.1　铸铁的种类、组织、性能

铸铁是工业广泛应用的一种铸造金属材料，它是以 Fe-C-Si 为主的多元铁基合金，普通铸铁化学成分的大致范围为 $w(C) = 2.50\% \sim 4.00\%$、$w(Si) = 1.00\% \sim 3.00\%$、$w(S) = 0.02\% \sim 0.20\%$、$w(P) = 0.40\% \sim 1.50\%$。依据不同的化学成分和组形态，铸铁可分为灰铸铁、可锻铸铁、球墨铸铁、蠕墨铸铁等。

为了提高铸铁的力学性能与耐磨性，通常在铸铁成分中添加少量铬、镍、铜、钼合金元素而制成合金铸铁。为了获得某些特殊性能的铸铁，也有添加数量较多的硅、铝、铬、锰、铜等合金元素而制成耐酸铸铁、耐热铸铁和无磁性铸铁等。

碳在铸铁中存在的状态、形成不同，对铸铁的组织、性能影响十分重要。如碳全部以渗碳体状态存在则为白口铸铁；碳部分或全部以石墨状态存在则为麻口铸铁或灰口铸铁，而石墨又以球状形状分布则形成球墨铸铁。

显而易见，在铸铁焊补中，碳以何种状态存在，对铸铁焊补和控制焊缝质量是个至关重要的因素。

铸铁的性能取决于铸铁的组织与成分，一般来说，铸铁的抗拉强度、塑性和韧性要比碳钢低。虽然铸铁的力学性能不及钢，但碳以石墨状态存在赋予了铸铁许多钢所不及的性能，如良好的耐磨性、高的消振性、低的缺口敏感性，优良的切削加工性和铸铁工艺性，且成本低廉。所以铸铁是工业上应用面宽量大的铸造材料，也是焊补修复经常碰到的材料。

3.2.2　灰铸铁的焊接

（1）灰铸铁的焊接性。常用的灰口铸铁的化学成分为：$w(C) = 2.60\% \sim 3.80\%$、$w(Si) = 1.20\% \sim 3.00\%$、$w(Mn) = 0.40\% \sim 1.20\%$、$w(S) \leqslant 0.15\%$、$w(P) \leqslant 0.40\%$。灰铸铁单铸试棒的力学性能见表 3-5。

表 3-5　灰铸铁单铸试棒的力学性能（GB/T 9439—2010）　（MPa）

牌号	抗拉强度	牌号	抗拉强度
HT100	≥100	HT250	≥250
HT150	≥150	HT275	≥275
HT200	≥200	HT300	≥300
HT225	≥250	HT350	≥350

灰铸铁在手工电弧焊接中，冷却速度快、工件受热不均、焊接应力较大，易产生白口和淬硬组织，所以灰铸铁焊接的主要问题是白口化及裂纹等问题。

防止白口产生的途径为：

1）采用促进焊缝石墨化的焊材。

2）减慢焊缝的冷却速度。

3）采用异质焊材。

（2）灰铸铁的焊接方法及工艺。铸铁的焊接有热焊法、半热焊法和冷焊法。

1）热焊法可以避免白口，性能基本达到和基体一致，但工艺复杂、周期长、劳动条件差、焊前需预热到600～700℃，仅适用于平焊，有时对大部件预热还较困难，甚至不能采用预热。

2）半热焊法为预热400℃左右，施焊条件比热焊法有所改善，可任意位置焊接，但石墨化效果不如热焊法。

3）铸铁冷焊方法工艺简单，但不预热，劳动条件好、焊补生产成本低、焊接位置不受限制，是一种值得推广的焊接方法。但此种焊接方法接头组织、性能不均匀，白口较难避免。

目前，我国生产的铸铁冷焊焊条较多，它们的设计思路基本为：①采用促进焊缝石墨化的焊材，使焊缝充分石墨化以抑制白口的产生。②采用得到异质焊缝的焊材。

铸铁冷焊比热焊有诸多优点，目前较为成熟的铸铁冷焊技术有以下几种焊条。

1）氧化型钢芯铸铁焊条（Z100）。该焊条药皮具有强的氧化性，能把焊缝碳、硅氧化掉，使之达到碳钢成分。但实际焊接中，焊缝金属很不均匀，靠近母材碳、硅含量很高，能达到高碳钢（0.8%～0.9%C）的成分，所以有时虽没有出现白口，但马氏体组织却不可避免。

施焊时应采用小的熔合比，用小规范，同时可以配合焊后锤击。但锤击温度不低于500℃，该焊材适用于焊补质量要求不高、焊后不要求机械加工的铸件。

2）高钒铸铁焊条（Z116、Z117）。高钒铸铁焊条的焊芯为H08A，药皮加入大量的钒，$w(V)>12\%$；使焊缝形成高钒合金钢，组织为F+VC，在熔合线上有一条非常窄的黑带，即为VC颗粒，在母材和黑带附近区（熔合区）为白口层，其厚度为0.1～0.3mm；其焊接加工性不及镍基焊条，但高钒焊条所焊焊缝具有良好的力学性能，$R_m=558.6～588MPa$，硬度HB不大于238。

焊缝抗裂性高于铜基铸铁焊条，焊缝不易出现气孔。

施焊尽可能采用小的熔合比，采用小电流；可用在焊接受力较大和非加工的铸铁件，且适用焊补球铁和高强度的铸铁。

3）强石墨化型铸铁焊条（Z208、Z248）。冷焊用铸208焊条焊芯为H08钢芯，而铸248为铸铁焊芯，两者药皮均含有大量萤石、石墨、硅铁的强石墨化材料。在一定的条件下，可使焊缝石墨化，得到灰口铁组织。

焊补修复工艺要点：应采用大的线能量，使焊缝冷却速度减慢，以保证焊缝的充分石墨化。当焊补面积较小时，焊接接头仍易出现白口。可见要使焊缝能达到石墨化，要尽可能选择热输入大的焊接规范，这样才可避免白口的产生。

该焊接材料易得、工艺简单，焊后颜色、硬度与基材接近，可选用与焊补工件刚度相差不大的中、大型缺陷，但值得指出的是焊补焊道不能锤击，这在实际工作中应特别注意。

4）镍基铸铁焊条（Z308、Z408、Z508）。镍为石墨化元素，焊缝中的镍可以过渡扩散到熔合区，使熔合区白口减小，且使白口层呈断续分布。它的焊缝组织为奥氏体，塑性、韧性比较好，抗裂性也较高且具有良好的切削加工性。

焊接应采用热输入小的焊接规范，减小熔合比，采用短段、分散焊，焊后配合锤击以消除应力。

在该三种镍基焊条中，铸 308 焊条焊芯为纯镍，半熔合区宽度一般只有 0.05 ~ 0.1mm，是所有冷焊焊条白口层最窄的。铸 408 焊条焊芯中含 $w(\mathrm{Ni})$ 55% 、$w(\mathrm{Fe})$ 45%，强度比铸 308 高，不仅可以焊补灰口铸铁，还可以焊补球墨铸铁，抗裂性、咬合性比铸 308 强，价格也比铸 308 便宜，但机加工性比铸 308 稍差，铸 508 加工性比铸 308 差，抗裂性和接头强度比铸 408 差，价格又比铸 408 高，所以应用受到一定限制。

5）铜基铸铁焊条（Z607、Z612）。铜为石墨化元素，价格低廉能起到镍元素类似的作用，铜的熔点比较低，可以减小母材的熔化量，因铜不和碳溶解、化合，且铜过渡扩散到熔合区减小白口，甚至没有白口。铜基焊材的焊缝塑、韧性好，具有良好的抗裂性，具有广阔的发展前景；它的特点为弱规范、小电流、焊接时可配合锤击。

6）低氢型结构钢焊条（J506）。低碳钢焊条是一种便宜易得的材料，它与母材的连接性很强。虽然采用它焊接铸件会不可避免地产生白口和淬硬组织，以至产生裂纹和剥离，但只要采用合理的工艺方法不仅可以解决一些普通铸件的焊补，对一些大型铸件难度较大的缺陷也可以焊补修复。

用低氢型结构钢焊条焊补灰口铁的工艺措施为：

①采用电弧回火的运条方法。

②采用 "U" 形坡口，且坡口底部尽量呈平底型。

③采用机械加固技术措施（如栽丝、钻浅孔、挖焊槽、埋置钢丝、镶加强板等）。

总之，异质焊缝的电弧冷焊应尽量减小熔合比，减小热影响区宽度，用小电流焊接；采用短段、断续、分散、多道焊要领。对缺陷处有油污、杂质的可用氧-乙炔火焰清除或采用连接性比较好的焊材和韧性比较好的焊材结合使用。对一些大缺陷可以采用镶块法，或机械加固措施。至于在什么情况下，采用何种工艺方法应根据铸铁缺陷的性质、大小、使用条件、经济性来具体确定。

3.2.3 灰铸铁焊接修复典型实例

（1）球磨机 ZD70 减速机机体地脚法兰焊接修复。

部件特点：球磨机型号 ZD70，质量 800kg，材质 HT200。

工艺要点：焊接材料选用铸 248 焊条，焊条规格 $\phi3.2mm$，焊接电流选择 300A。焊前把焊补处母材清理干净，用耐火材料造型，焊补修复采用热输入较大的焊接规范，焊后使之缓慢冷却。经焊补后该减速机可以再次使用。

（2）汽轮机低压气缸外壳的补焊。

部件特点：该缸体外壳材质 HT200，裂纹长达 2m。

工艺要点：焊接材料选用铸 308 焊条，焊条规格 $\phi3.2mm$，焊前先清除四周的油、锈和水分，并打磨出金属光泽。在保证熔合良好、操作方便的情况下，尽量采用小坡口，且坡口为"U"形。焊接修复遵循灰铸铁冷焊要领，每个焊道长控制在 15～20mm。焊接电流选用比焊接相同厚度低碳钢小 20～30A。焊后锤击，每段焊道焊完后，待温度降到 50℃以下时，再焊第二层。该缸体外壳经此工艺修复后，运行良好。

（3）D9495 输水阀门阀体法兰断裂的修复。

部件特点：阀体质量 550kg，材质 HT200，法兰直径 570mm，工作壁厚 30mm，裂纹沿法兰开裂占法兰周长的 37%。

工艺要点：焊接修复该阀体采用机械加固措施即埋钢筋法，用结 506 焊条焊补，焊条规格 $\phi3.2mm$。坡口制备用角磨光机沿裂纹走向打磨坡口（外壁），坡口深度为 2/3 壁厚；在垂直裂纹方向上，每间隔 100mm 左右制作 10mm×10mm 的 U 形槽，且内外壁的 U 形槽相互错开。施焊顺序为：先焊槽底的裂纹，焊后打磨光滑放入钢筋，点焊牢固，然后再把钢筋周围焊好，待埋入的钢筋焊好后，最后焊接裂纹坡口。施焊完毕后用角磨光机将焊缝与母材光滑过渡。该阀体经焊补后可使用。

（4）机壳体破碎的焊补。

部件特点：机壳质量 200kg，材质 HT200，破碎孔洞尺寸为 240mm×165mm，厚 15mm。

工艺要点：焊前先用磨光机将缺陷表面处清理干净，在裂口处开 V 形坡口，坡口深约 10mm。焊接材料选用结 506 焊条，焊条规格为 $\phi2.5mm$ 和 $\phi3.2mm$。焊接顺序为：先将两端裂纹补焊好，同时将破碎的两块焊在一起（焊缝Ⅰ），施焊时预留反变形量，然后施焊焊缝Ⅱ，同时也预留一定的反变性量。第Ⅰ、Ⅱ焊口均采用直线运条方法，焊条选用 $\phi3.2mm$，焊接电流 100～110A。Ⅰ、Ⅱ焊口焊完后待冷却到室温，开始对称施焊焊缝Ⅲ，焊条选用 $\phi2.5mm$，电流 70～80A。每焊道长 100mm，焊后锤击，焊后焊道与母材磨平，即可使用。

（5）ZD70 减速机机体裂纹的焊补。

部件特点：该机体裂纹横向长 400mm，纵向长 100mm，裂纹处壁厚 18mm。

工艺要点：焊前先用氧-乙炔焰将裂纹待焊补处的油烧掉，然后清除表面氧化物、检查裂纹终点位置，并打上裂孔。用砂轮开 U 形坡口，深 13～14mm，宽 17～20mm，且保证裂纹在坡口中心位置。

由于铸件长期在油浸环境中工作，所以施焊采用结 506 和铸 308 两种规格均为 φ3.2mm 焊条混合交替使用。在焊第一层时，先用结 506 焊条焊一点（基本形成一个熔池），接着用铸 308 焊条施焊下一点，以此类推采用分段焊法完成打底层的焊接，如图 3-20 所示。

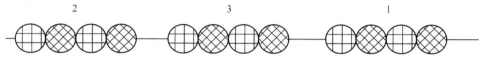

图 3-20　焊接材料及焊接顺序

代表 E506 焊点；　　代表铸 308 焊点；1，2，3—焊接顺序

中间层分三道焊完，两侧采用结 506 焊条焊接，中间采用铸 308 焊条。盖面分四道焊完，由于前几道焊接的"热作用"，铸铁面与铸 308 熔合已良好。故两侧采用铸 308 焊条，中间采用结 506 焊条，焊接工艺应遵循冷焊工艺原则。为增加强度，用 20 钢板制作三角形加固钢板（边长 110mm，厚度 15mm），该加固筋的焊接全部采用结 506 焊条焊接。该部件经修复后，可重新使用。

4 典型转动部件焊接修复与表面强化

在电站较多的转动部件中，汽轮机叶片、轴、磨煤辊以及风机叶片等部件较为典型，这些典型转动部件的焊接修复与表面强化方式方法为其他转动部件的焊接修复与表面强化提供了重要参考。本章主要阐述了汽轮机叶片，重点论述了马氏体不锈钢 12Cr13 和铁素体不锈钢 10Cr17 的焊接方法和焊接工艺，采用热喷涂技术、电刷镀技术、电火花沉积技术修复轴的特点及工艺要点，采用手工电弧堆焊和自动明弧堆焊联合修复磨煤辊，采用堆焊和热喷涂组合修复风机叶片等，为技术人员治理电站转动部件提供技术参考。

4.1 汽轮机叶片修复

4.1.1 汽轮机叶片概述

汽轮机是将蒸汽的能量转换成为机械功的旋转式动力机械，主要用作为发电提供动力。汽轮机是一种旋转式的流体动力机械，它直接起着将蒸汽或燃气的热能转变为机械能的作用。而叶片是汽轮机的"心脏"，是汽轮机中极为主要的零件。叶片分为静叶片和动叶片，担负着将高温蒸汽的热能转换为机械能的作用，工作条件极其复杂。运行中转子高速度旋转时，由叶片的离心力引起拉应力，叶片各个截面的重心不在同一直线上或叶片安装位置偏高，叶轮辐射方向所产生的弯曲应力，由蒸汽流动的压力造成叶片的弯曲应力和扭转应力，都传递到叶根的销钉孔或根齿，还会产生剪切和压缩应力。由于机组的频繁启停、气流的扰动、电网周波的改变等因素的影响，叶片承受交变载荷的作用。另外，转子平衡不好、隔板结构和安装质量不良、个别喷嘴节距不一、喷嘴损坏等，会引起叶片振动的激振力。处于湿蒸汽区的叶片，特别是末级叶片，还要经受化学腐蚀和水滴的冲蚀作用。燃气轮机叶片除了受到高温下的氧化腐蚀外，还要承受燃气杂质在高温下对金属的作用。

对叶片用钢要求如下：

（1）较高的强度、塑性和热强性能。对工作温度不高于 400℃ 的叶片，以室温和高温力学性能为主，而对于高压汽轮机某些区域在 400℃ 以上工作的叶片，因其允许的变形量很小，除室温性能外，还应具有较高的持久强度和蠕变极限。持久塑性和组织稳定性好，持久缺口敏感性低。

（2）优良的耐蚀性。高温段叶片容易受到氧腐蚀，处于湿蒸汽区工作的叶片容易发生电化学腐蚀，在停机过程中叶片也会受到化学腐蚀和电化学腐蚀。为此，处于湿蒸汽区工作的叶片多采用耐蚀性好的不锈钢制造，或采用非不锈钢予以适当的表面保护处理。

（3）高的振动衰减率。振动衰减率标志着材料消除振动的能力，它影响叶片共振时安全范围。造成汽轮机叶片的断裂原因总是或多或少与振动相联系，因此选用减振性能好的材料，可使由于振动导致叶片断裂的可能性减少。

（4）高的断裂吸收功（高的断裂韧性）。当材料具有高的断裂吸收功时，可使叶片的抗断裂能力提高，允许裂纹长度增加，避免运行中突然断裂。

（5）良好的耐磨性。特别是后几级叶片，为防止由于水滴的冲刷磨损，要求材料耐磨性好。

（6）良好的工艺性能。叶片成型工艺复杂，加工量大，约占主机总加工工时的 1/3，因此要求加工工艺性能好，有利于叶片大批量生产并降低成本。

4.1.2　汽轮机叶片焊接修复

汽轮机叶片常用材质较多，性能各异。12Cr13 和 10Cr17 作为马氏体不锈钢和铁素体不锈钢的典型钢种，在叶片焊接修复中具有典型意义，对其他叶片用钢的焊接修复具有重要参考价值。除马氏体不锈钢和铁素体不锈钢外，奥氏体不锈钢也是叶片的主要钢种，可以借鉴受热面奥氏体不锈钢的焊接工艺。

4.1.2.1　12Cr13 钢焊接

12Cr13 钢的化学成分、性能与焊接包括以下内容：

（1）12Cr13 钢组织特点。12Cr13 钢为马氏体型不锈钢，淬透性好，一般经油淬或空冷后即可得到马氏体组织。它还有较高的硬度、韧性、较好的耐腐性、热强性和冷变形性能，减振性也很好。该钢要求高温或低温回火，但应避免在 370～560℃ 之间回火。低温回火可消除淬火过程中形成的内应力；高温回火在保证有良好的耐蚀性的同时，可获得优良的综合力学性能。

（2）12Cr13 钢焊接特点。对于 12Cr13 马氏体不锈钢来讲，高温奥氏体冷却到室温时，即使是空冷，也能转变为马氏体，表现出明显的淬硬倾向。由于焊接是一个快速加热与快速冷却的不平衡冶金过程，因此这类焊缝及焊接热影响区焊后的组织通常为硬而脆的高碳马氏体，含碳量越高，这种硬脆倾向就越大。当焊接接头的拘束度较大或氢含量较高时，很容易导致冷裂纹的产生。与此同时，由于此类钢的组织位于舍夫勒（Schaeffler）图中 M 与 M+F 相组织的交界处，在冷却速度较小时，近缝区及焊接金属会形成粗大铁素体及沿晶析出碳化物，使接头的塑韧性显著降低。因此在采用同材质焊接材料焊接此类马氏体钢时，为了细化焊缝金属的晶粒，提高焊缝金属的塑韧性，焊接材料中通常加入少量的 Nb、Ti、

Al 等合金化元素，同时应采取一定工艺措施。

（3）12Cr13 钢化学成分及性能。12Cr13 钢的化学成分及性能等见表 4-1 ~
表 4-3。

表 4-1　12Cr13 钢的化学成分（质量分数）　（％）

C	Si	Mn	S	P	Cr	Ni
0.08 ~ 0.15	1.00	1.00	≤0.030	≤0.040	11.50 ~ 13.50	≤0.60

表 4-2　12Cr13 钢的常温力学性能

标准号	$R_{p0.2}$/MPa	R_m/MPa	A/%	A_{KV}/J	硬度 HBW	分类号 DL/T 868—2014
GB/T 1220—2007	345	540	22	55	159	C—I

表 4-3　12Cr13 钢的相变点温度　（℃）

相变点	A_{c1}	A_{c3}	A_{r1}	A_{r3}	M_s
温度	730	850	700	820	340

（4）12Cr13 钢焊接及热处理工艺。12Cr13 钢焊接及热处理工艺见表 4-4。
焊接时，管子内部应充氩气保护焊缝根部，以免焊缝根部氧化。

表 4-4　12Cr13 钢焊接及热处理工艺

钢号	焊接方法	焊接材料（规格/mm）	焊接电流/A	焊接电源	焊前预热	焊后热处理
12Cr13	SMAW	G202（φ3.2）	70 ~ 120	直流反接	焊前预热 250℃左右	焊后一般需要冷却到 150℃ 左右，再进行 700 ~ 830℃ 的热处理
		G202（φ4.0）	90 ~ 160			
		G207（φ3.2）	70 ~ 120	直流反接		
		G207（φ4.0）	90 ~ 160			

4.1.2.2　10Cr17 钢焊接

10Cr17 钢的化学成分、性能与焊接包括以下内容：

（1）10Cr17 钢组织特点。10Cr17 钢是典型的铁素体不锈钢，具有耐蚀性、力学性能和热导率高的特点，在大气、水蒸气等介质中具有不锈性；但当介质中含有较高氯离子时，不锈性则不足，主要用于生产硝酸、硝铵的化工设备，如吸收塔、热交换器、贮槽等，由于它的脆性转变在室温以上，且对缺口敏感，不适用制作室温以下的承受载荷的设备和部件，且通常使用的钢材其截面尺寸不允许超过 4mm。

（2）10Cr17 钢焊接特点。

1）焊接接头的塑性与韧性。对于普通铁素体不锈钢，一般尽可能在低温下进行热加工，再经短时的 780～850℃ 退火热处理，得到晶粒细化、碳化物均匀分布的组织，并具有良好的力学性能与耐蚀性能。但在焊接高温的作用下，在加热温度达到 1000℃ 以上的热影响区，特别是近焊缝区的晶粒会急剧长大，进而引起近焊缝区的塑韧性大幅度降低，引起热影响区的脆化，在焊接拘束度较大时还容易产生焊接裂纹。

除高温加热引起接头脆化、塑韧性降低外，铁素体不锈钢还可能产生 σ 相脆化和 475℃ 脆化。σ 相脆化过程较缓慢，对焊后的接头韧性影响不大，由焊接引起的 475℃ 脆化倾向也较小。

2）焊接接头的晶间腐蚀。高温加热对于不含稳定化元素的普通铁素体不锈钢的晶间腐蚀敏感性的影响与通常的铬镍奥氏体不锈钢不同，将通常的铬镍奥氏体不锈钢在 500～800℃ 敏化温度区加热保温，将会出现晶间腐蚀现象；在 950℃ 以上加热固溶处理后，由于富铬碳化物的固溶，晶间敏化消除。与此相反，把普通高铬铁素体不锈钢加热到 950℃ 以上温度冷却，则产生晶间敏化，而在 700～850℃ 短时保温退火处理敏化消失。因此通常检验铁素体不锈钢晶间腐蚀敏感性的温度不像奥氏体不锈钢在 650℃ 保温 1～2h，而是加热到 950℃ 以上，然后空冷或水冷，加热温度越高，敏化程度越大。由此可见，普通铁素体不锈钢焊接热影响区的近焊缝区将由于受到焊接热循环的高温作用而产生晶间敏化，在强氧化性酸中将产生晶间腐蚀。为了防止晶间腐蚀，焊后进行 700～850℃ 的退火处理，使铬重新均匀化，近而恢复焊接接头的耐蚀性。

（3）10Cr17 钢化学成分及性能。10Cr17 钢的化学成分及性能见表 4-5 和表 4-6。

表 4-5　10Cr17 钢的化学成分（质量分数）　　　　　　　　（%）

C	Si	Mn	S	P	Cr	Ni
0.12	1.00	1.25	≤0.030	≤0.040	16.00～18.00	≤0.60

表 4-6　10Cr17 钢的常温力学性能

标准号	$R_{p0.2}$/MPa	R_m/MPa	A/%	A_{KV}/J	HBW	分类号 DL/T 868—2014
GB/T 1220—2007	205	450	22	50	183	C—I

（4）10Cr17 钢焊接及热处理工艺。10Cr17 钢焊接及热处理工艺见表 4-7。焊接时，管子内部应充氩气保护焊缝根部，以免焊缝根部氧化。

表4-7　10Cr17钢焊接及热处理工艺

钢号	焊接方法	焊接材料（规格/mm）	焊接电流/A	焊接电源	焊前预热	焊后热处理
10Cr17	SMAW	G302（φ3.2）	110~130	直流反接	若采用 G302 不锈钢焊条，需预热 120~200℃；若采用 A207 用以提高焊接接头的塑性，可不进行预热	采用 G302 不锈钢焊条进行焊接时，焊后一般需要进行 750~800℃ 的热处理；采用 A207 不锈钢焊条进行焊接时，焊后一般不需要进行热处理
		G302（φ4.0）	140~150			
		A207（φ3.2）	100~110	直流反接		
		A207（φ4.0）	120~130			

4.2　轴的修复

4.2.1　轴的概述

轴是电站典型且使用较多的金属零（部）件，主要作用是支撑传动零件和传递运动及动力。在使用过程中，轴因逐渐磨损而使尺寸超出公差范围或局部划伤造成密封不严，从而造成整个轴失效。运用表面技术对轴磨损实施修复，使失效的轴恢复其使用性能，可以为电站节约购买新轴所产生的费用，还可以为电站节约购买新轴的等待时间，具有非常大的工程实际意义。在针对轴实施修复的方法中，电弧喷涂、电刷镀、电火花沉积这三种表面技术应用非常广泛。

4.2.2　热喷涂修复轴磨损

热喷涂修复轴磨损的方法如下：

（1）工艺要点。首先用车床将轴表面疲劳层车掉，并将周围表面车出近似螺纹的形状，以便增加涂层与基体的结合能力。采用高速电弧喷涂系统对轴表面实施修复，工艺参数：电压 30~32V，电流 175~180A，空气压力 0.43~0.45MPa，距离 280~300mm。喷涂材料为含 Fe、Cr、Ni 合金丝，喷涂后的涂层截面的金相组织如图4-1所示。从图4-1中可以看出，电弧喷涂涂层与基体之间主要是机械结合，涂层具有典型的层状结构。从涂层截面中不仅可以看出孔隙、未熔化的颗粒、层与层之间的界面裂纹，也可以看到在涂层表面存在一些细小的层裂。扁平颗粒间结合较好，扁平层与层之间存在薄的氧化物层。涂层的孔隙具有储油作用，有助于修复后轴的润滑。

（2）修复结果。某电厂磨煤机拉杆轴，轴均匀磨损减薄 1.2mm，采用电弧喷涂方法进行修复。修复前，采用机加工的方法车去表面厚度约 0.2mm 的疲劳层，采用喷砂的方法进行表面处理。选用粒度为 250μm 的棕刚玉砂粒，与轴的修复表面呈 45°角，距离 200mm，空气压力 0.4MPa，对已经车去疲劳层的待修复轴表面做喷砂处理。使待喷涂工件表面清洁度 S_a 达到 3，即完全去除氧化皮、锈、污垢等附着物，同时进行表面粗糙化处理，表面粗糙度 R_z 达到 $80\sim120\mu m$。在喷涂过程中，采用一字型往复喷涂方式，喷涂参数严格按照推荐工艺实施，保证涂层厚度均匀，防止出现漏喷现象。经电弧喷涂修复后的轴如图 4-2 所示，涂层厚度 1.8mm，磨削至需要尺寸，交付厂家使用。

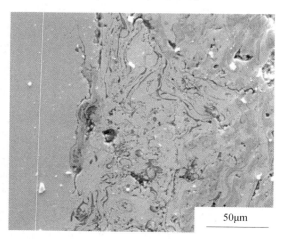

图 4-1　电弧喷涂涂层截面组织

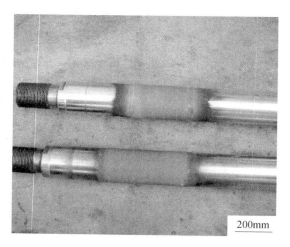

图 4-2　电弧喷涂修复后的轴

扫一扫看彩图

4.2.3　电刷镀修复轴磨损

电刷镀修复轴磨损的方法如下：

（1）技术特点。电刷镀技术是应用电化学沉积原理，在能导电的工件表面的选定部位快速沉积指定厚度镀层的表面技术。与传统工艺相比，电刷镀技术具备工艺灵活、操作方便、适应范围广等特点。基于这些特点，电刷镀技术在轴表面修复中的应用非常广泛。利用电刷镀技术进行轴修复具有以下特点：

1）热输入较小，不易引起轴的变形。

2）待修复轴在镀笔固定的情况下匀速旋转，容易获得厚度均匀的镀层。

3）刷镀层表面精度较高，减少了后续的加工量。

实际应用过程中，选择正确的镀液，配合恰当的工艺，进而获得良好的刷镀层组织是修复成功实施的关键。

（2）工艺要点。采用电刷镀技术对碳钢轴的配合面实施修复，通过试验选择出了最佳工艺参数，在最佳工艺参数的指导下进行刷镀，并对刷镀层的组织进行观察分析。为电刷镀技术在轴修复中的应用提供技术及理论支持，镀液按刷镀先后顺序确定为电净液、1号活化液、2号活化液、特殊镍、高浓度镍。

1）表面准备。表面准备主要是通过化学及机械的办法去除待刷镀表面的以及邻近和相关部位的油、锈，以获得一个无油、无氧化膜以及去除了其他影响镀层与基体结合强度一切杂质的洁净表面。

2）刷镀。刷镀主要是在表面准备充分的前提下，在待修复表面逐次将电净液、活化液及镀液进行刷镀，以获得满足需要的高性能修复层。根据工件及其运行工况特点，选择电净液进行轴表面电净处理，选择1号活化液、2号活化液进行表面活化处理，选择特殊镍作为过渡层，选择高浓度镍溶液作为沉积层。

通过反复调整，根据现场实际刷镀效果，确定最优化的工艺参数见表4-8。

表4-8　电刷镀最佳工艺参数

溶液类型	电压/V	时间/s	极性
电净液	10～12	8	正
1号活化液	12～15	3	反
2号活化液	18～20	50	反
特殊镍溶液	15～18	60	正
高浓度镍	12～15	7200	正

（3）修复结果。电刷镀镀层及接合处的金相组织如图4-3所示。从图4-3中可以看出：沿刷镀层生长方向镀层比较致密，图中白亮色为镀层，垂直于镀层生长方向的黑色部分为不同刷镀层之间经强腐蚀剂腐蚀后出现的分界线，平行于镀层生长方向的黑色为孔洞。这些孔洞具有储油作用，当运用该技术修复轴类配合面时，这些孔洞储存的润滑油对配合面的润滑将起到有益作用。经刷镀后的基体——轴表面组织基本没有变化。因此，利用电刷镀技术对被刷镀表面的热影响

区非常小，甚至可以忽略不计，表明该技术是一种不破坏基体表面组织的表面修复技术。

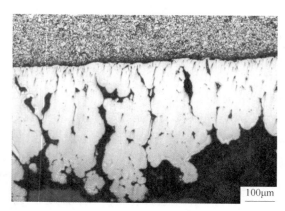

图 4-3　电刷镀层及接合处的金相组织

　　某型风机主轴配合面，由于磨损，配合面由原来的直径 59.80mm 磨损至 58.84mm。采用上述工艺参数配比，在完成表面准备并镀覆过渡层的表面上，根据刷镀零件的技术要求、工况、经济成本等选择镀液类型来完成预定的刷镀作业。轴的原始尺寸为 $\phi58.84mm$，经过刷镀后尺寸为 $\phi59.88mm$。根据轴尺寸及配合要求，刷镀后的轴磨削至 $\phi59.80mm$，镀层厚度 0.48mm（见图 4-4）。

扫一扫看彩图

图 4-4　经电刷镀修复后的轴

4.2.4　电火花沉积修复轴磨损

电火花沉积修复轴磨损的方法如下：

（1）技术特点。电火花沉积是将需要沉积的材料做成电极，利用电极在基材表面旋转，电源在电极与基材相接触的很小的区域内瞬间（$10^{-6} \sim 10^{-5}$ s）通过高密度电流（$10^5 \sim 10^6 \mathrm{A/cm^2}$），时间短空间小使得放电能量高度集中，在很小的范围内产生了 5000～25000K 的高温，使放电区域内的材料高能离子化，电极高速转移到基材表面，并扩散到基材表层，从而形成具有冶金结合的沉积层。电火花沉积在轴的擦伤、划伤等表面修复中的应用非常广泛。利用电火花沉积进行轴修复时，选择正确的工艺，合金元素过渡均匀，进而获得良好的沉积层组织及性能是修复成功实施的关键。

（2）工艺要点。工艺参数：电压 120V，电流 6A，频率 46Hz。修复轴之前，将缺陷打磨处理成宽 10mm，深 2mm，长度约为整个轴外圆的 1/4，然后对轴的表面进行检查，看是否有影响电火花沉积效果的油污、氧化皮、油脂等。如果表面存在油污，则要用金属油污清洗剂对轴表面的油污进行清洗；如果存在氧化皮，则要用细锉轻轻去除轴表面的氧化皮；如果存在油脂，则要用丙酮清洗干净。表面油污、氧化皮、油脂清理干净后，用砂纸轻轻打磨轴的表面直至露出金属光泽。表面检查处理完成后，可以进行电火花沉积的实际操作。检查电火花沉积设备的电路和气路是否可靠连接并保持畅通，确认安全后，接通电火花沉积设备的电源和气源。将电极在焊枪上夹紧、夹正，保证电极处在枪头的中心部位，若出现电极偏心的情况应及时予以纠正。调整电火花沉积设备的相关参数，保证电源的输出功率、输出频率和氩气流量。电极均匀在轴缺陷表面移动，形成致密均匀的堆焊层。电极与轴的表面之间不宜按压太紧，防止电极与轴表面直接短路产生不了火花。电极与轴表面的夹角以 30°～40° 为宜，电极左右摆动的摆幅以 10～40mm 为宜，摆动的速度均匀，要使沉积层能够覆盖轴缺陷表面。在电火花沉积的过程中应时刻观察修复后轴的表面的情况，出现凹坑应及时进行补充沉积；如果出现比较尖锐的高点，应及时用锉刀或锤击的方式进行消除。

（3）修复效果。堆焊层的金相组织如图 4-5 所示，图中下方白亮色为含有 Fe、Cr、Ni 元素的沉积层。电火花沉积所获得的沉积层组织相对均匀致密，基本没有喷涂层的孔洞和刷镀层的裂纹等缺陷，合金元素在沉积层和基材之间是均匀

80μm

图 4-5　电火花沉积层截面组织

过渡的。从金相组织上看过渡层呈黑色，主要原因是在电火花沉积的高温高能状态下，细小的马氏体表面析出细小的碳化物，经过金相腐蚀液体腐蚀后变黑。从整体上看，沉积层与母材在电火花放电能量下熔化发生了冶金反应，沉积层与母材以冶金结合方式进行连接。

　　某电厂风机主轴，运行过程中磨损出沟槽。经电火花沉积修复后的轴如图4-6所示，表面经过打磨、研磨处理后交付厂家使用。

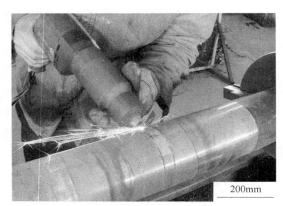

扫一扫看彩图

图4-6　电火花沉积修复后的轴

4.2.5　轴修复方法综合对比

　　综合对比三种修复轴磨损的表面工程技术，在修复轴磨损时它们表现出以下不同的特点。

　　电弧喷涂具有如下优点：

　　（1）涂层制备效率高。电弧喷涂所用喷涂材料为粉芯或实芯丝材，在电弧热的作用下，焊丝被快速熔化，经压缩空气雾化后喷到基体表面形成涂层，较电刷镀和电火花沉积效率高出很多。

　　（2）能耗低，能源利用率高。电弧喷涂的电弧热直接作用于喷涂丝材端部熔化金属，能源的消耗较低，能源的利用率可达90%以上。这种低能耗除降低成本外，还能够获得比较厚的涂层，也可以在熔点比较低的基材表面实施喷涂。

　　（3）可以获得"伪合金"涂层。两根成分不同的合金丝同样可以利用电弧喷涂进行喷涂，在基材表面获得一些易得到，甚至冶金手段无法获得的"伪合金"涂层。"伪合金"涂层中可能存在少量的金属间化合物，可以综合两种不同成分合金丝的性能，"伪合金"涂层的性能较好，这是通过其他两种方法无法直接得到的。

　　电刷镀具有如下优点：

　　（1）材料利用率高。电刷镀所用镀液没有电弧喷涂的飞溅和电火花沉积的烧损，而且镀液收集起来可重复使用，提高了材料的利用率。

（2）电刷镀使镀笔固定不动，被修复的轴在专用机具的带动下匀速转动，这样比较容易获得厚度均匀的刷镀层，保证了镀层表面具有比较高的精度，基本不用后续的磨削加工。

（3）作业环境较好。电刷镀不会产生电弧喷涂的粉尘、飞溅和电火花沉积的弧光，因此在正确工艺下实施作业对环境的影响较小。

电火花沉积具有如下优点：

（1）修复磨损的类型更多。电弧喷涂和电刷镀更适合处理轴均匀磨损的缺陷，对于磨损产生的点状或沟槽缺陷修复起来相对受限，而电火花沉积可修复包括点状缺陷或沟槽缺陷在内的所有磨损。

（2）结合强度高。与电弧喷涂涂层与基体之间的机械结合以及电刷镀镀层与基体的机械结合+范德华力结合的方式相比，电火花沉积与母材的冶金结合，结合强度较高且涂层细密、一致性好。

（3）设备移动性好。电火花沉积的设备体积小，便于携带和移动，特别适合大型轴的在线修复。

同时，三种表面技术在修复轴时又分别有各自的局限，限制了该表面技术只能在一定的范围内适用。电弧喷涂涂层与轴之间是以机械结合为主，当涂层厚度超过一定范围（一般是 2mm 以上），在强烈震动或冲击的作用下可能会造成涂层的脱落；涂层表面修复后需要磨削加工，磨削耐磨涂层的工作量较大；不太适合沟槽修复。刷镀层与轴之间是机械结合+范德华力结合，当涂层的厚度超过一定范围时，刷镀层的厚度增加缓慢，轴修复刷镀层不能超过一定范围（一般是 0.5mm 以下）；不太适合沟槽修复。电火花沉积效率较低，不适合轴大面积均匀磨损；堆焊层同样需要后续加工，增加了工艺的复杂性。

4.3　磨煤辊修复

4.3.1　磨煤辊概述

磨煤机是火力发电厂的重要设备之一，而磨煤辊又是磨煤机的关键部件，其质量的优劣，特别是耐磨性能直接影响到制粉的作业率、煤粉质量、磨辊消耗和生产成本。因此，国内外都在改进磨煤辊材料、延长使用寿命方面进行了大量的工作。但是，任何磨煤辊材料，在制粉工况条件下，都有较为严重的磨损。磨煤辊在一定程度的磨损范围内仍能正常工作，当磨损达到某一限度后，外圆过小即报废。我国火力发电厂的磨煤机磨煤辊大都采用高铬耐磨钢、高铬铸铁等高碳高铬材料制成，它们在一定温度下具有较好的耐磨性，故在国内各发电厂应用较广泛。但是，其生产需要有炼钢、铸造、热处理、机加工等加工工序，生产周期长，废品率高，而且一次购买所占用的资金大，磨损也较严重。近年来，国内外都在大力研究复合铸铁、离心浇铸及堆焊磨煤辊等工艺。其目的就是制造一种新的复合磨煤辊，使磨煤辊基体与工作表面分别满足于磨煤时的抗冲击、耐磨损等性能的要求。采用磨煤辊表面堆焊也成为国内外制造、修复磨煤辊及提高磨煤辊使用寿命的一个主要发展方向和手段。堆焊是用电焊或气焊把金属熔化，堆在工具或机器零件上。堆焊作为材料表面改性的一种经济而快速的工艺方法，越来越广泛地应用于各个工业部门零件的制造修复中。

4.3.2　磨煤辊堆焊修复质量准备

为了确保成功的堆焊，对每一个磨损待堆焊的磨煤辊都进行了仔细检查，避免存在有严重的隐患。在准备开始堆焊之前，首先用肉眼观察待堆焊的磨煤辊表面是否有明显的裂纹，或者是否存在因铸造的缺陷在运行后出现的块状脱落或凹坑。如果有分析原因，得出结论，提出实施方案，然后继续进行堆焊。检查后发现磨煤辊中间出现了孔洞破损（见图4-7），需要进行补焊处理，补焊过程及经补焊处理的磨煤辊如图4-8和图4-9所示。在用肉眼不能明显看出是否有缺陷的情况下，使用锤击的方法来判断。使用尖锤在磨煤辊的表面锤击，听发出的声音来判断，如果磨煤辊发出高频率清脆悦耳的声音，说明磨煤辊没有明显缺陷，可以堆焊；但是发出低频率沉闷沙哑的声音时，表明内部一定有缺陷，一定要找到缺陷，分析原因，得出结论然后再具体实施堆焊。使用以上两种方法没有发现有

扫一扫看彩图

图4-7　磨煤辊堆焊状态

扫一扫看彩图

图4-8　磨煤辊孔洞手工电弧焊补焊

缺陷后，为了确保万无一失采用第三种方法再对磨煤辊检测，使用专门的焊接探伤用金属探伤剂。具体操作：首先用钢丝刷把磨煤辊表面的铁锈清理干净，清除粉尘；把金属探伤剂中的清洗剂摇晃均匀，直接喷在该处，等待风干；接着把金属探伤剂中的着色剂喷在清洗过的位置上，把金属探伤剂中的渗透剂再喷在着色剂的位置上，无明显的变化，没有裂纹，或者利用磁粉探伤方法对没有孔洞的磨煤辊实施探伤（见图4-10）。

扫一扫看彩图

图4-9 磨煤辊孔洞手工电弧焊补焊效果

扫一扫看彩图

图4-10 运用磁粉对磨煤辊表面实施探伤

4.3.3 磨煤辊堆焊修复工艺准备

磨煤辊堆焊修复工艺准备如下：

（1）检查焊接主电源连接是否完好，可以开启电源，检查电流电压表显示是否正常，冷却风机转动是否正常。

（2）检查焊接程序控制系统（柜），可以先开启电源，查看各个功能单元指示灯显示是否存在问题，逐个按动功能按钮，检查动作是否灵活。

（3）在控制系统（柜）电源开启的时候，按焊接操作架横臂各个功能按钮，查看横臂的前后伸缩、上升下降功能是否灵活。

（4）在控制系统（柜）电源开启的时候，按焊接变位机工作台翻上翻下，正反旋转功能按钮，查看是否运转灵活。

（5）检查水冷装置内的冷却液位置，确保冷却液在警戒水位线以上。

（6）检查焊接机头各主要功能单元连接是否完好，包括电动十字架、送丝机、水冷焊枪以及防护罩的安装是否完好。

（7）检查一切完好以后开始下一步工作，磨煤辊的吊装。

（8）在以上步骤的工作结束以后开始吊装磨煤辊，首先检查磨煤辊工装、配套数量、螺纹是否完好等。

（9）如果没有问题先把磨煤辊工装底部的支撑板，与磨煤辊工装压盖连接螺杆安装在工作台的合适位置，确定中心，拧紧所有螺钉。

（10）把起吊装置放在磨煤辊腔内中心位置，把钢丝绳等起吊设备连接好。

（11）正确安全使用起重机，把磨煤辊慢慢升起，缓缓放下，平稳地放在工装的底部支撑板上，固定滑块的外面，确保中心不偏离。

（12）把工装的压盖盖在磨煤辊的凹槽上，拧上螺钉，一定要固定紧。

4.3.4　磨煤辊堆焊修复工艺要点

磨煤辊堆焊修复的工艺要点如下：

（1）焊接电流500A，焊接电压32~35V，焊丝干伸长30~35mm，焊接速度850~900mm/min，焊接重叠率45%；焊道跟踪喷雾冷却。堆焊焊接速度可以适当调整，但是必须保证在10~11kg/h。

（2）磨煤辊堆焊前最低温度为16℃，在整个堆焊过程中，层间温度应控制在150~200℃。

（3）补层要有适当的横向裂纹，保持在10~20mm，以释放焊接应力。用单向焊接方式自动堆焊1~3层，作为打底层，以自动焊接方式堆焊所需要的尺寸。

（4）焊前预热：开启变位机，磨煤辊处于垂直位置，用2把氧-乙炔枪一起加热，同时让磨煤辊做快速的运转，预计加热到80℃左右停止，让磨煤辊内外温度基本均匀；（以上要求仅限于冬季堆焊，室内温度在10℃以下时，堆焊车间室内温度要求在10℃以上）。

（5）调整焊接位置：通过变位机工作台的翻上翻下，焊接操作架横臂的上升下降功能，使安装在横臂前端的焊接机头与待堆焊磨煤辊处于一个更佳焊接位置，使焊接机头左偏磨煤辊中心线5~7mm。

（6）接通焊接电源：待磨煤辊温度在80℃左右时，合上总电源开关，开启焊接电源开关，启动焊机。

（7）调整焊丝位置：使焊丝伸出30~35mm，启动焊接变位机，使焊丝与工件刮擦起弧焊接开始。

（8）堆焊过渡层电弧稳定以后，开始堆焊过渡层，最好由磨煤辊的外缘向里堆焊，焊完一道后再堆焊第二道，下一道焊缝应该覆盖前一道的30%，堆焊过程中应该控制焊层的温度等。

（9）堆焊耐磨层堆焊的次数不限，以符合磨煤辊的尺寸标准为准。

（10）焊接过程中使用标准检验卡具检验是否达到技术要求的外形尺寸。

（11）尺寸合格后，按焊停按钮，堆焊结束。

磨煤辊堆焊修复过程及修复后的状态如图 4-11 和图 4-12 所示。

扫一扫看彩图

图 4-11 磨煤辊堆焊修复进行中

扫一扫看彩图

图 4-12 磨煤辊堆焊修复后的状态

4.3.5 磨煤辊堆焊修复检测

磨煤辊堆焊修复检测方法如下：

（1）堆焊修复过程检测。在磨煤辊堆焊过程中随着堆焊层不断增加，磨煤辊外形不断变化，可以选择堆焊间歇实施检测。正确使用专用磨煤辊卡具，接触点选在磨煤辊内腔轴承内壁边缘，此处测量堆焊位置最好。

（2）堆焊修复后检测。磨煤辊堆焊基本结束以后，使用卡具和量具测量堆焊的磨煤辊的周长，确定是否已经满足使用要求，在技术要求的公差以内视为合格。

采用堆焊技术对磨煤辊实施修复，恢复其使用性能，可为火电厂节约更换磨煤辊所带来的投入。同时，堆焊修复的磨煤辊具有较高经济附加值，为发电企业带来可观经济效益。将失效的磨煤辊实施修复进而恢复其使用性能，符合国家节能降耗的产业政策。针对不同工况下开发的耐磨堆焊焊丝价格低廉，耐磨性能显著高于其他同类产品，具有较高的性价比，将增加修复企业的竞争实力。

4.4　风机叶轮叶片修复

4.4.1　风机叶轮概述

　　风机是火力发电厂锅炉的主要辅机设备之一，其运行状况正常与否，设备维护水平的高低，直接影响着机组是否安全。合理选择风机材料，延长其使用时间，减少因风机故障引起的计划外停机事故的发生，对于电厂的安全经济运行有着十分重要的意义。风机种类很多，如锅炉鼓风机、引风机一次空气风机，排粉风机、烟气再循环风机、混流风机和密封风机等。风机的类型主要有离心式、轴流式、混合式等几种，其中使用最多的是离心式风机。

　　锅炉风机工作条件一般较为恶劣，多数风机都是在含尘量大、除尘效果差、环境温度高的条件下工作。叶轮、叶片等部件在高速旋转中承受粉尘冲刷，磨损相当严重，工作寿命很短，往往造成停机事故发生。

　　风机在含尘量大的气体中运行，除磨损外，还会造成积垢，使转子运行失衡，振动加剧，严重者会造成甩叶轮或断轴等故障。风机排出或输送的气体往往还含有强烈的腐蚀性介质，特别是锅炉烟气中含有 SO_2、SO_3 和 NO_x 等气体，会造成风机部件的严重腐蚀。

4.4.2　风机叶轮叶片磨损失效

　　某厂 1 号炉引风机，输送介质为烟气，介质最高温度一般不超过 200℃，通常在运行中要求含尘量不得超过 $300mg/m^3$。为延长风机的使用寿命和确保安全运行，在引风机前必须加装高效除尘装置，以保证进入引风机的烟气中含尘量为最小。为减少叶片的磨损，要求除尘器的效果不得低于 85%。风机叶轮采用后向板型叶片、双进气结构，主要是为了消除轴向推力。在实际运行过程中，引风机的叶轮尤其是叶片部分会产生磨损。通过对该厂引风机叶轮的磨损情况进行观察，发现其磨损较为严重的区域为叶片工作面的中心部位（见图 4-13）和叶片的内侧靠近大轴的一面（见图 4-14）。

4.4.3　风机叶轮叶片磨损修复工艺

　　叶轮是风机的重要转动部件，因此修复过程中除考虑修复后叶轮的抗磨效果外，还应考虑叶轮的变形问题，即修复不能对叶轮产生较大变形以影响其动平衡。

　　若对叶轮整体单独进行较大范围的堆焊或采用喷焊方法进行防磨处理，因热输入量大，工件受热不均所形成的热应力，会诱发叶轮上产生变形；若采用黏涂

扫一扫看彩图

图4-13 叶轮工作面中心部位

扫一扫看彩图

图4-14 叶轮内侧靠近大轴部位

耐磨层和镶嵌陶瓷的方法，因其物理性能、结合强度及结构形式的限制，当叶轮在一定温度下高速旋转时易脱落和发生崩裂。

经过大量的试验并结合现场实践，采用补焊加高速电弧喷涂的方法对风机叶轮进行防磨处理。把焊接的热态防磨方法与热喷涂的冷态防磨方法结合起来对叶轮实施防磨处理，取得了良好效果。

（1）堆焊。堆焊工艺是影响堆焊质量的重要因素，根据对叶轮的要求，把堆焊叶片的工艺重点放在减少焊后变形方面。

堆焊后的叶轮，在验收时不仅需做静、动平衡试验，还需各表面的尺寸、形状及位置满足偏差要求。由于堆焊会使叶轮受热不均匀产生焊接应力、导致焊接变形等，故还需采取适当工艺措施，才能把叶轮变形控制在公差范围内。

在堆焊时采取了以下工艺措施：

1）保证焊接顺序。在每一叶片上堆焊完一块粉块后转动叶轮，在对称叶片相应位置堆焊另一粉块。如此循环往复，直至把各叶片堆焊完毕。以此顺序堆焊，可使叶轮前、后盘均匀收缩，并可避免热应力过于集中，减少焊接变形。

2）锤击焊缝。叶轮变形是由于堆焊层在冷却过程中发生纵向、横向收缩造成的，每堆焊完一粉块用小锤轻击，延展堆焊层，可补偿部分收缩量、减少变形。

3）减少线能量。减小线能量能使叶片受到的热输入量减少，热应力变小，这与降低稀释率的要求是一致的。

（2）喷涂。堆焊完成后，对堆焊层表面焊渣进行清理。对叶轮叶片表面进行喷砂粗化处理。采用高速电弧喷涂方法进行喷涂治理，喷涂材料选用超硬耐磨喷涂丝材。工艺参数：电喷涂电流 180~220A，电喷涂电压 30~31V，主压缩空气压力 0.5~0.7MPa，喷涂距离 130~180mm，涂层厚度 0.8~1.0mm。

（3）检验包括以下几个方面。

1）硬度指标。根据《金属热喷涂层表面洛氏硬度试验方法》（YS/T 541—2006）的规定，试样尺寸为 $\phi 30mm \times 20mm$，经表面处理后，喷涂 1mm 厚涂层，经过镶样、磨金相样、抛光、腐蚀（4% 硝酸酒精）处理，在表面洛氏硬度计进行表面洛氏硬度测试 HRC 为 63.2。

2）耐磨指标。根据叶轮叶片磨损形式主要为磨粒磨损和冲蚀磨损两种情况进行了磨损试验，磨粒磨损试验设备为橡胶轮式磨损试验机，试样尺寸为 $57mm \times 25.5mm \times 6mm$，其中磨损面为 $57mm \times 25.5mm$，涂层厚度为 2mm；试验选用两种磨料：干砂和湿砂（石英砂），湿砂磨损载荷（正压力）为 7kg，主轴转速为 240r/min，磨程为先预磨 1000r，正式磨 2000r。干砂磨损载荷（正压力）为 10kg，磨程为 1000r，对比试样为 20G 钢。结果表明，涂层是 20G 钢平均耐磨性的 27 倍，最小相对耐磨性的 25 倍，最大相对耐磨性的 30 倍。

3）涂层结合强度指标。在风机叶轮叶片复杂的运行环境下，要求喷涂层具有较高的结合强度，才能防止出现涂层"起皮、剥落"，从而导致涂层失效的后果。采用的喷涂材料具有足够高的结合强度，完全满足现场使用要求。

根据国家标准《热喷涂　抗拉结合强度的测试》（GB/T 8642—2002）的规定，结合强度试样尺寸为 $\phi 50mm$，喷涂 0.3~0.5mm 厚涂层，采用对偶试件拉伸法，经测试结合强度值 52.25MPa。

4）涂层的热震性能指标。在 800℃、10 次热冲击下，涂层无明显宏观缺陷，其抗热震性能优异。

5）涂层的显微组织。由硬质陶瓷相与柔性塑性相两部分组成，在硬质陶瓷相中含有 TiB_2 等，提供耐磨所必需的高硬质点，而塑性相则保护硬质点不会因工作的疲劳等因素被"剥离"。

4.4.4　风机叶轮叶片磨损修复效果

通过对某厂 1 号炉引风机叶轮的耐磨堆焊和喷涂修复，修复后的叶轮如图

4-15 和图 4-16 所示。在同等工况条件下，修复后的引风机叶轮耐磨性较修复前提高 2~3 倍。实际应用中，有效地延长引风机叶轮的使用寿命，值得大力推广。

扫一扫看彩图

图 4-15　喷涂后的叶轮工作面

扫一扫看彩图

图 4-16　喷涂后的叶轮叶片内侧

5　纳米表面强化方法

随着电站容量的不断增加以及运行参数的不断升高，传统的微米级的修复方法已经无法完全满足电站金属部件修复与强化的要求，纳米表面强化方法因其高技术、高性能将成为表面强化方法未来发展趋势。本章阐述了纳米表面工程的特点，国内外纳米热喷涂的现状及发展趋势，纳米团聚造粒方法的特点、应用以及利用纳米表面强化方法修复与强化电站金属部件常用的试验方法及分析测试手段，为技术人员应用、研究纳米表面强化方法提供参考。

5.1　纳米表面工程

纳米技术诞生于 20 世纪 80 年代末，是一项新兴技术。纳米科学技术的研究范围是中间领域（$10^{-9} \sim 10^{-7}$m），过去人类很少涉及这一领域，纳米科学技术的研究为人类认识世界开辟了一个新的层次，纳米材料和纳米技术的发展受到了世界各国的高度重视。随着纳米科学和纳米材料的发展，许多具有力、热、声、光、电、磁等特殊性能的低维、小尺寸、功能化的纳米结构表面层可以显著改善材料的结构或赋予其新的性能。目前，在制备高质量纳米粉体方面取得了显著进展，一些方法已经在工业上得到应用，但是如何充分利用这些材料，如何充分发挥纳米材料的优良性能是一个亟待解决的关键问题。在相关理论研究和实际应用的基础上，形成了"纳米表面涂装工程"的新概念。简言之，纳米表面工程是纳米材料与表面工程的交叉、复合、合成与应用。

5.1.1　纳米材料的特性

纳米微粒之所以表现出不同于粗晶材料的许多特性，主要是由以下几方面决定的。

（1）小尺寸效应。当纳米微粒尺寸与光波、传导电子德布罗意波波长及超导态的相干长度或透射深度尺寸相当或更小时，周期性的边界条件被破坏，光、电、磁、声、热及力学等特性都呈现出新的小尺寸效应。即是说纳米微粒的小尺寸效应决定了纳米材料在光、热、磁、声、力学等方面的特殊性质，而量子尺寸效应实际上是小尺寸效应的一种极端情况。

对小尺寸效应的理论研究，近年来 L. E. Brus 的研究具有代表性，他通过解薛定谔方程建立了最低激发电子态与尺寸之间、过剩电子还原势能与晶体尺寸之间的依赖关系。但有关粒子尺度对纳米物质的性质影响研究只是初步的，目前具有规律性的结论尚有限，且看法也不一致。

（2）量子尺寸效应。R. Kobu 在 20 世纪 60 年代提出了重要公式 $\delta = -4E_f/3N$（δ 为能级间距，E_f 为费米能级，N 为总电子数）。对宏观的大块金属而言，由于 N 巨大，所以 δ 非常小，E_f 附近的电子能级表现为准连续的能带。对纳米微粒而言，当粒子尺寸下降到最低尺寸时，N 较少，δ 变大，E_f 附近的准连续能带变为离散的分立能级，从而产生量子尺寸效应。当分立能级能量间距大于热能、磁能、静电能及电子能量时，将发生磁、光、声、热、电的宏观特性的显著变化，如从导体变为绝缘体、吸收光谱的边界蓝移、相变温度下降、德拜温度降低、比热变大、电子平均自由程改变、超导温度上升等。

作为微观粒子具有贯穿势垒的能力——隧道效应。近年来人们发现一些宏观量，如微颗粒的磁化强度、量子相干器件中的磁通量也具有隧道效应，人们称之为宏观量子隧道效应。量子尺寸效应和宏观隧道效应是未来微电子、光电子器件、量子功能器件的基础，同时也确定了微电子器件的细微化极限，如半导体集成电路的尺寸接近波长时，电子就会因隧道效应而溢出，使器件无法正常工作。当然我们也可反过来有效地利用隧道效应。例如往某一量子点注入电子，由于隧道效应的存在，电子可以在各量子之间穿越，形成逻辑电路，预计可以制成 10G 量级的存储器。

（3）界面与表面效应。随着粒子尺寸的减小，界面原子数增多，因而无序度增加，同时晶体的对称性变差，其部分能带被破坏，因而出现了界面效应。

纳米微粒由于尺寸小、表面积大（当平均粒径小于 6nm 时，比表面积达 $500\mathrm{m}^2/\mathrm{cm}^3$），导致位于表面的原子占有相当大的比例（当颗粒粒径小于 10nm 时，表面原子占据 20%；4nm 时，占 40%；2nm 时，占 80%；1nm 时，占有 100%）。由于表面原子的化学环境与体相完全不同、存在大量悬空键，具有很多高 Miller 指数晶面、晶格缺陷、台阶、扭折等，因而表现出高化学活性，如原子一遇到其他原子很快结合，使其稳定化，这种表面的活性就是表面效应。

纳米微粒粒度越小，界面与表面效应越显著，这一点已被实验证实。如用高倍电子显微镜（EM）对粒径为 2nm 的纳米微粒进行电视摄像时，会发现这些颗粒没有固定的形态，随着时间的变化会自动形成各种形状；它既不同于一般固体，又不同于液体，是一种称为晶体、非晶体之外的"第三态固体"或"准固体"。在 EM 的电子束照射下，表面原子仿佛进入了"沸腾"状态，尺寸大于 10nm 后才看不到这种颗粒结构的不稳定性，这时颗粒具有相对较高的稳定结构状态。

界面与表面效应的产生都与纳米晶体的晶界结构有关，对纳米晶粒的理论解释主要存在三种学说：

1）完全无序说，认为晶界具有较为开放的结构，原子排列具有随机性，原子间距大、密度低，既无长程有序，也无短程有序；

2）有序说，认为晶粒间界处含有短程有序的结构单元，原子保持一定的有序度，通过阶梯式移动实现局部能量最低状态；

3）有序无序说，认为晶界结构受晶粒取向和外场作用等因素的限制，在有序和无序之间变化。

5.1.2　纳米表面工程的优越性

纳米材料和纳米技术在表面工程中的应用存在巨大的机遇，同时面临严峻的挑战。纳米表面工程必须同时具备两个条件：其一是应用的固体颗粒直径必须处于纳米尺度（1~100nm），其二是纳米材料在表面性能上有大幅度的改善或发生突变。

与传统表面工程相比，纳米表面工程的优越性如下：

（1）赋予表面新的服役性能。纳米材料的奇异特性保证了纳米表面工程涂覆层的优异性能：一是体现在涂覆层本身性能的提升上，如涂覆层的拉伸强度、屈服极限和抗接触疲劳性能大幅度提高；二是体现在涂覆层的功能提升方面。纳米表面工程的出现，解决了许多传统表面工程技术解决不了的表面问题。例如，高性能纳米声、光、电、磁膜及超硬膜的制备；再如，纳米原位动态自修复技术由于纳米颗粒材料的作用能够在金属摩擦副表面形成修复薄膜，能够在工作状态下完成金属摩擦副的原位动态修复，延长了零部件的服役寿命。

（2）使零件设计时的选材发生重要变化。在纳米表面工程中，在许多情况下，传统意义上的基体材料有时只起载体作用，纳米表面工程涂覆层成为实现其功能或性能的主体。例如，高速钢刀具可以改为强度、韧性高的材质，通过在刀刃表面沉积纳米超硬膜来实现切削功能；耐蚀材料和抗高温材料也可以改为普通材质，通过对与介质接触的表面实施纳米化处理而起到抗蚀、抗高温作用等。

（3）为表面技术的复合提供新途径。纳米表面工程能够为表面工程技术的复合提供一条全新的途径，具有广阔的应用前景。例如，金属表面的纳米化，赋予了基质表层优异性能、表面纳米化技术与离子渗氮技术相结合，使渗氮工艺由原来的在500℃条件下处理24h转变为300℃条件下处理9h。

5.1.3　纳米表面工程是电力金属部件修复中的有效手段

近年来，火电机组运行工况的变化对电力金属材料提出越来越高的性能需求。火电站运行工况的变化主要来自两个方面：一方面是机组自身向大容量、高参数机组方向发展，温度和压力的不断提高对材料的性能需求更高；另一方面是煤质的不断下降，灰分的增加和硫含量的持续偏高加剧了材料腐蚀和磨损程度，使材料的防腐防磨治理难度加大。

增大机组的容量和提高蒸汽参数是火电站发展的总体趋势，能够促使火电站单台机组发电总量能够迅速增长以适应生产快速发展的需要。同时可以降低基建投资和设备投资，节约金属材料的消耗。从材料的发展来看，新型马氏体耐热钢和新型不锈钢正在逐步取代珠光体耐热钢和贝氏体耐热钢成为制造火电站受热面管道的主力钢种。运行参数的改变以及基体材料的发展要求热喷涂涂层与基体的结合强度更高，涂层抗腐蚀和抗磨损性能更好。

煤质变差使得电力金属部件磨损加剧，损坏周期缩短，损坏频率明显增加。同时，煤中硫含量普遍高于设计值，造成包括受热面在内金属部件的腐蚀加剧，煤质下降造成易损部件失效频繁在我国比较普遍。作为火电站易损部件有效治理手段的表面技术，应该不断发展新材料以满足易损部件治理的新的更高的性能需求，纳米表面工程在防腐蚀、抗磨损的技术优势为解决上述技术难题提供了有效手段。

5.2 纳米热喷涂技术

5.2.1 国际热喷涂发展及纳米化趋势

热喷涂方法发明至今已经经历了 1 个世纪。从 20 世纪 60 年代开始，随着美国、英国、日本等发达国家采用热喷涂涂层对锅炉管道进行防护，锅炉用抗冲蚀磨损涂层得到了很大发展。英国电站在 20 世纪 80 年代开始了采用热喷涂涂层防治锅炉管道的冲蚀磨损和受热面腐蚀的小规模工业试验，用等离子技术喷涂多层 Ni-Al-Mo、NiAl-NiCrFe-Mo-SiB 和 Ni-9Cr-7Al-5Mo-5Fe 以及 Al$_2$O$_3$、Cr$_3$C$_2$、WC、MgZrO$_2$，最后优选出抗飞灰冲蚀的最佳涂层为等离子喷涂 Al$_2$O$_3$，其次为 Cr$_3$C$_2$(75%)-80Ni20Cr（25%）。瑞典也在 20 世纪 80 年代初开发了一种用于锅炉管道防腐的专用材料——铁铬铝合金 Fe-22Cr-6Al（kanthal M），涂层具有优良的抗高温腐蚀性能和抗冲蚀性能。英国的 P. E. Chandler 等人研究了用等离子喷涂技术在锅炉的受热面管道上喷涂 50Cr-50Ni 进行防护，并对其抗腐蚀性能与 FeCrAl 涂层进行对比。结果表明，50Cr-50Ni 涂层耐蚀性更好，涂层的使用寿命可以超过 10 年。

美国 TAFA 公司于 20 世纪 80 年代中期推出了 45CT 喷涂材料，其名义成分为（质量分数）：43% Cr，0.1% Fe，4% Ti，其余为 Ni。该材料具有以下特点：热膨胀系数与碳钢管材料非常接近，大大减少了应用该涂层过程中机械剥落的可能性。合金中 Ni 含量高，使涂层的脆性降低。材料中加入 Ti 元素，使涂层的结合强度明显提高。美国于 20 世纪 90 年代中期推出了 Densys DS-200 保护涂层材料，它是一种成分为 75% Cr$_2$C$_3$、25% CrNi 的金属陶瓷材料。用 HVOF 工艺制备的涂层具有极低的孔隙率，非常细的晶粒，均匀的组织、较高的结合强度及硬度。此外，还具有很好的抗高温腐蚀、冲蚀性能，适于锅炉管道的防护，这种材料在德国、日本也得到了应用。

20 世纪 90 年代末，TAFA 公司又推出了用 HVOF 制备的抗锅炉管道冲蚀的 ComARC Duocor 涂层（304 不锈钢 Fe-20Cr-9Ni 为外皮，WC、TiC 和 FeB 为填充的粉芯丝材），均取得了良好的效果。在此基础上，该公司不断进行改进，利用电弧喷涂 Fe19Cr15W7Ti6Ni 合金来防止锅炉燃烧室管壁的冲蚀磨损。美国的工程研究中心用 HVOF 制备了 FeCrAlY-Cr$_3$C$_2$ 和 NiCr-Cr$_3$C$_2$ 抗高温冲蚀磨损涂层，都取得了较好的效果。TAFA 公司的产品不但在本国有成功应用的案例，在欧洲、日本等也成功得到应用。

进入 21 世纪，国际热喷涂材料的研发方向开始向非晶态材料以及微纳米化方向发展。瑞士在 21 世纪初推出了含 B 类的 Fe 基非晶态 METCO 700 粉，美国在同时期推出了 Ni 基的 Armacor M 丝材。这类非晶态材料进行喷涂后，涂层构成也含有非晶态组织。研究表明，非晶态涂层也可在适当条件下由喷涂直接形成，具有很高的耐磨性与很强的抗腐蚀性。20 世纪末，两位美国人研究出了纳米粉末的再造粒方法，使具有纳米结构的粉末材料能够用于传统的热喷涂喷枪上，从而使制备出纳米结构热喷涂涂层成为可能。刚刚进入 21 世纪，某国海军宣布一种革命性的新涂层——纳米结构的热喷涂陶瓷涂层已通过多方各种检验和试用，获得了该国海军的应用证书，并广泛应用到军舰、潜艇、扫雷艇和航空母舰设备上的近百种零部件，这是纳米涂层首次获得实际应用。

5.2.2　国内热喷涂发展及纳米化趋势

我国热喷涂技术的发展始于 20 世纪 50 年代，70 年代起得到快速发展，80 年代开始大规模推广应用。1980 年，某电厂在水冷壁上用氧-乙炔火焰喷涂普通铁铝粉进行防护，热态运行 4000h 后，涂层翘起。1981 年 11 月原国家经委、科委组织成立了"全国热喷涂协作组"。国家在"六五"至"九五"连续四个五年计划中将热喷涂技术列为重点推广项目，成效显著，仅"八五"期间推广应用热喷涂技术的直接经济效益就达 35 亿元。1986 年，某电厂在水冷壁管头上用氧-乙炔火焰喷焊 Ni-W 合金。1993 年，某高校国家重点实验室与某发电厂合作，提出了采用等离子喷涂 75% NiCr-25% Cr$_3$C$_2$ 金属陶瓷技术解决 12Cr2MoWVTiB 炉管早期爆管的技术方案。研究人员对电弧喷涂和火焰喷涂镍铬、镍铬铝合金涂层的抗高温氧化性能进行了研究，并分别在两个发电厂进行了工业试验。结果表明，镍铬铝合金涂层具有良好的抗高温腐蚀性能，镍铬涂层性能稍差。试验采用的封孔剂的渗透性和抗高温性能良好。

进入 21 世纪，国内喷涂材料的研究及应用紧跟国际喷涂材料的发展趋势，取得较大进步。2003 年 2 月，某发电厂利用超音速电弧喷涂技术在 1 号机组水冷壁、二级再热器和三级过热器受热面上喷涂 LX34 和 PS45。检测结果表明，该涂层稳定可靠，对锅炉受热面具有良好的抗磨防护作用。

2003 年 3 月，某热电厂在 11 号循环流化床锅炉水冷壁利用超音速电弧喷涂技术喷涂 LX88A，有效地提高了循环流化床锅炉水冷壁的耐磨蚀性能，有效地延长 CFB 锅炉的运行周期。

2006 年 6 月，研究人员利用高速火焰喷涂方法在某发电厂省煤器上喷涂 Fe-Al/Cr_3C_2 复合涂层，涂层安全运行 26000h 停炉检查，发现涂层未被完全磨损掉。

目前，热喷涂技术在设备、材料、工艺方面均获得了较大发展与提高。特别是近年来，随着纳米技术的发展，纳米喷涂材料的研究及应用取得较大的成绩。目前，纳米金属氧化物或者纳米金属碳化物的研究及应用是整个纳米喷涂材料研究及应用的热点。例如，研究人员利用等离子喷涂方法，在 TiAl 合金表面制备纳米团聚体 Al_2O_3-13% TiO_2（质量分数）陶瓷复合涂层，并对纳米 Al_2O_3-13% TiO_2 进行了系列的性能研究。研究结果表明，等离子喷涂普通微米级别的 Al_2O_3-13% TiO_2 涂层，涂层的截面呈典型的层片状结构，采用纳米团聚粉体后，涂层的截面由部分熔化区以及完全熔化区组成，呈双相组织结构；常规陶瓷涂层表现为典型的脆性冲蚀特性，纳米结构陶瓷涂层呈明显的脆性冲蚀特性，同时有一定程度的塑性冲蚀特征，具有较好的结合强度及抗冲蚀性能。两种等离子喷涂层的冲蚀磨损都以片层状脱落为主，同时有一定程度的脆性陶瓷颗粒破碎。为了进一步发挥纳米涂层的性能，采用激光熔覆的办法对等离子喷涂的 Al_2O_3-13% TiO_2 复合涂层进行重熔。从组织转变情况看，激光重熔一方面消除了喷涂层的层状结构和大部分孔隙，形成了均匀致密的重熔层；另一方面使亚稳相 γ-Al_2O_3 转变为稳定相 α-Al_2O_3。从性能改变结果看，激光重熔一方面减少了高温腐蚀过程中的腐蚀扩散通道，增加了涂层的抗腐蚀性能；另一方面，激光重熔纳米结构涂层重熔区中残余纳米粒子的增韧作用，其晶界强度较高，从而导致断口有相当数量的穿晶断裂，提高了纳米 Al_2O_3-13% TiO_2 涂层的抗高温冲蚀能力。

采用等离子喷涂方法制备纳米 Al_2O_3-13% TiO_2 复合涂层，并研究了复合涂层的组织及摩擦磨损性能。结果表明，纳米 Al_2O_3-13% TiO_2 涂层是由未熔或半熔纳米颗粒区域与完全熔融粒子铺展区域共同构成的，孔隙率低、显微硬度、结合强度均高于层状结构的微米涂层，且纳米涂层磨损量明显小于微米涂层。高载荷下磨屑均匀细化、圆整，形成微滚珠效应，纳米涂层稳态摩擦系数随载荷增大而下降，而微米涂层摩擦系数随载荷变化不明显。

除普通大气等离子喷涂方法制备纳米 Al_2O_3-13% TiO_2 复合涂层外，微弧等离子喷涂也被应用到制备纳米 Al_2O_3-13% TiO_2 复合涂层中。研究人员开发了微弧等离子喷涂系统，制备了碳纳米管/纳米 Al_2O_3-13% TiO_2 复合吸波涂层，取得了较理想的制备效果。

除 Al_2O_3 和 TiO_2 外，ZrO_2 或者利用 Y_2O_3 来稳定 ZrO_2 涂层的研究也比较广泛。研究等离子喷涂纳米 ZrO_2 复合涂层组织的结果表明，纳米 ZrO_2 热障涂层展现出独特的纳米—微米复合结构，包括柱状晶和未熔融或部分熔融纳米颗粒。非平衡四方相是涂层的主要物相。抗热冲击性能试验结果表明，纳米 ZrO_2 热障涂层拥有更为优越的抗热冲击性能，这主要得益于其相对致密的结构以及微裂纹、纳米晶粒、小孔径孔隙的应力缓释作用。等离子喷涂纳米 ZrO_2 涂层的截面硬度分布呈双态分布（完全熔化层片结构和部分熔化颗粒结构），这与涂层的两相组织一致。等离子喷涂纳米 ZrO_2 涂层还具有较高的耐酸性能，与喷涂微米级粉末形成的涂层耐酸性能相比，纳米 ZrO_2 涂层的耐酸性能更为优异。

　　等离子喷涂纳米 ZrO_2 涂层应用范围广泛，不仅在不同材料表面能够起到很好的保护作用，在合金表面制备的纳米 ZrO_2 陶瓷涂层同样表现出优于普通微米级涂层的性能。利用等离子喷涂方法在 TC4 钛合金表面制备了纳米结构陶瓷涂层 ZrO_2，并对其进行冲蚀实验。结果表明，等离子喷涂纳米 ZrO_2 涂层由熔化区和部分熔化区组成，部分熔化区属微/纳米结构，熔化区在沉积急冷和冲击应力的作用下会形成细晶，微/纳米结构与细晶共同作用下的纳米陶瓷涂层的平均粒度将远远小于常规陶瓷涂层的平均粒度，使其硬度增加；微/纳米区域在涂层中其局部晶界的强度特别高，裂纹难以沿着晶界扩展，起到了良好的增韧作用，硬度和韧性的提高使涂层的抗冲蚀性能增强。在纳米 ZrO_2 涂层的制备方面，除采用单一的等离子喷涂方法外，还可采用喷涂和激光熔覆联合一起的方法。例如，利用激光熔覆的办法对等离子喷涂纳米 ZrO_2 涂层进行重熔处理，相对于常规氧化锆热障涂层，纳米氧化锆热障涂层和激光重熔热障涂层拥有更好的性能。因此，将纳米技术和激光重熔表面处理技术与等离子喷涂技术结合起来制备热障涂层是提高热障涂层性能非常有前景的工艺方法。再如，利用等离子喷涂和激光重熔组合方法在 TiAl 合金表面制备了纳米结构热障涂层 ZrO_2-7% Y_2O_3，并测试了该类型涂层的性能。结果表明，用常规等离子喷涂法制备的陶瓷涂层为典型的层状堆积特征；而用等离子喷涂法制备的纳米结构涂层则由纳米颗粒完全熔化区和部分熔化区组成，呈两相结构。由于激光重熔纳米结构涂层重熔区中残余纳米粒子的增韧作用，其晶界强度较高，从而导致断口有相当数量的穿晶断裂，而激光重熔常规涂层重熔区的断口基本是沿晶断裂。

　　纳米氧化物喷涂材料以及利用喷涂方法制备出的纳米复合涂层改善了原有微米涂层的组织及性能，但是在利用上述方法对火电站受热面管道实施治理的实际应用过程中受到局限。其主要原因是微/纳米金属氧化物涂层基本上都属于热障涂层，在受热面表面喷涂纳米氧化物复合涂层将影响到受热面的传热，降低受热面的热效率。因此，需要对纳米材料进一步进行研发，在保证受热面传热良好的基础上，改善涂层的组织及性能。

　　纳米喷涂材料除纳米氧化物外，纳米碳化物也在喷涂材料领域应用得越来越广泛。其中，以纳米 Co 基或纳米 Ni 基 WC 的应用最为广泛。例如，利用超音速火焰喷涂技术，在 Cr12MoV 模具钢表面制备了纳米结构的 WC-12Co 金属陶瓷涂层，纳米 Co 基或纳米 Ni 基 WC 可显著提高材料的抗磨损性能。但这类材料不太适合应用到火电站的高温易损部件上，主要原因是 WC 在高于 550℃时容易发生失碳分解，从而破坏涂层的整体性能。

可见，非晶涂层以及纳米涂层是新时期热喷涂材料的重要发展方向。非晶态涂层中，比较成熟的材料多为 Ni 基产品。我国 Ni 矿资源有限且为重要的战略资源，国内生产的 Ni 元素只能满足不足 40% 的国内需求，其余部分全部依赖进口。Ni 元素的缺乏一方面推高了 Ni 基喷涂材料的价格，另一方面占用的 Ni 元素这种相对稀缺的战略资源，不利于国家尖端武器的制作和发展。因此，需要有一种性能与 Ni 基材料相当，不含贵重金属元素因而价格低廉的材料来替代 Ni 基材料，Fe-Al 基喷涂材料的研发成功使 Ni 基喷涂材料的替代成为可能。纳米涂层材料中，目前比较成熟的涂层材料多为金属氧化物和碳化物。制约其他类型喷涂材料的发展的瓶颈来源于纳米喷涂材料的"造粒"，即如何利用简单有效的方法将纳米材料制成适合喷涂的纳米喷涂材料。如果纳米喷涂材料被顺利制作出来，那么利用热喷涂方法，将喷涂材料喷涂至普通钢材基体表面即可获得纳米涂层，非晶纳米涂层的良好的耐磨损、抗腐蚀性能也将有效发挥出来。

5.3 纳米热喷涂材料的制备

热喷涂纳米涂层组成可分为三类：单一纳米材料涂层体系；两种（或多种）纳米材料构成的复合涂层体系；添加纳米颗粒材料的复合体系，特别是陶瓷或金属陶瓷颗粒的复合体系具有重要的作用和意义。

纳米涂层的制备与传统涂层的制备过程不尽相同。热喷涂微米级颗粒时，往往是颗粒表面产生熔融，而纳米颗粒由于比表面积大、活性高而易被加热熔融，在热喷涂过程中纳米颗粒将整体产生熔融。由于熔融程度好，纳米颗粒碰到基体后变形剧烈，铺展性明显优于微米级颗粒。热喷涂纳米结构涂层熔滴接触面更多，涂层孔隙率低，表现在性能上就是纳米结构涂层的结合强度大、硬度高、抗腐蚀抗磨损性能好。

热喷涂纳米陶瓷涂层的研究始于 20 世纪 90 年代初，美国 California-Irvine 大学的 Lavemia 研究小组进行了纳米金属粉的热喷涂试验，发现粉末的纳米结构仍能留存于喷涂后的涂层中。1994 年，美国 Connecticut 大学的 Strutt 研究小组首先应用热喷涂技术进行了纳米 WC/10Co 涂层制备研究。研究显示，利用高速火焰喷涂技术（HVOF）可制备出纳米结构陶瓷涂层，具有较高的硬度和结合强度。1995 年，美国 Intramat 公司针对纳米粉末的特点进行了纳米粉末的喷枪设计及可喷涂纳米粉体的研究；1997 年，美国 Connecticut 大学进行了 Y_2O_3 稳定 ZrO_2 纳米涂层的研究。结果表明，纳米涂层提高了热障涂层的性能。纳米材料热障涂层具有高的结合强度和较大的盈余容纳能力，可增加涂层硬度并提高断裂韧性，涂层的组成和显微结构能保持长期稳定。

1997 年 8 月，在瑞士的 Davols 召开了第一届国际热喷涂纳米材会议，会议强调了热喷涂技术在纳米结构材料制备中的地位，纳米结构涂层材料的制备工艺和物理化学特性的重要性。第二届会议于 1999 年 8 月在加拿大的 Quebuc 市举行，会议着重分析了纳米结构涂层与传统涂层的性能差异。热喷涂纳米陶瓷涂层的研究已经成为陶瓷涂层研究的一大发展方向，研究主要集中于氧化物陶瓷和氮化物陶瓷。

2000 年，科研人员研究了空气等离子喷涂将 Al_2O_3/TiO_2 粉体喷涂在低温的基材表面，所形成的涂层具有纳米结构，物相为亚稳态的氧化铝-氧化钛相，经热处理转化为 α-氧化铝和 β-氧化铝、氧化钛三种物相，这是很好的硬质涂层和抗磨损涂层材料。通过对 APS 和 HVOF 方法制备的纳米结构 WC/Co 硬质涂层的显微结构与传统涂层比较后发现，纳米涂层显微结构的变化引起了涂层断裂韧性和硬度的提高，进而提高了耐磨性能。2001 年，Lima 等人对空气等离子喷涂纳米氧化锆涂层的表面光滑度、显微硬度和弹性模量进行了研究，发现纳米氧化锆涂层的表面比较光滑；随着涂层光滑度的提高，涂层的显微硬度和弹性模量随之增加，涂层显微硬度的提高得益于喷涂过程中好的熔滴平铺性。2002 年，对空气等离子喷涂纳米氧化锆涂层进行了研究结果表明，所制备的纳米氧化锆涂层结构致密，与不锈钢基体间的结合强度为 45MPa，明显优于传统氧化锆涂层。2003 年，运用纳米级 ZrO_2 涂层与传统的 ZrO_2 涂层在干燥和水润滑条件抵抗不锈钢的磨损和摩擦性能分别进行分析比较，结果表明纳米涂层的耐磨性提高，磨损速率在干燥和水润滑条件下分别为传统 ZrO_2 涂层的 2/5 和 1/2。利用热喷涂方法制备出 $Al_2O_3-13TiO_2$ 纳米结构涂层的耐磨性与传统粉体涂层耐磨性相比提高 3～8 倍。2004 年，利用 HVO/AF 制备的 WC-12Co 纳米结构涂层，保持了喷涂粉体材料的纳米结构特性，与微米结构涂层相比，纳米结构涂层组织更致密，显微硬度提高 0.4～0.5 倍。2005 年，利用等离子喷涂方法制备纳米 Al_2O_3/Ni 涂层，并与 45 号钢对比磨损性能，结果表明，等离子喷涂纳米 Al_2O_3/Ni 涂层的抗磨损性能显著高于 45 号钢。2006 年，对 HVOF 喷涂纳米 WC-12Co 的组织以及抗汽蚀性能进行研究，结果表明，纳米抗冲蚀性能显著提高。2010 年至今，非晶纳米陶瓷涂层在电力金属部件表面强化上取得显著进步，如纳米超疏水涂层为解决输电线路防覆冰方面提供有力技术支持。

5.3.1　制备纳米复合涂层面临的技术难题

复合涂层作为治理火电站易损部件的新型涂层，具备比其他同类产品更加优异的涂层性能，应用前景广阔。随着火电站机组参数的升高及燃煤煤质的降低，普通微米涂层已经很难适应新时期新机组抗腐蚀抗磨损的需求。根据国际国内热喷涂材料向纳米化发展的趋势，特别是纳米氧化物在热障涂层方面的应用以及纳米碳化物在抗磨损方面的应用为复合涂层发展提供了新思路。

纳米复合涂层的制备存在两个技术难题：一个是纳米粉体材料因为飞扬和烧损问题不能直接用于喷涂，解决该问题最有效的方法是将纳米粉体通过团聚造粒制成微米级或更大颗粒，然后进行喷涂；另一个是纳米颗粒在热喷涂过程中的烧结长大问题。因为快速的加热和短时间的停留可以有效抑制颗粒的长大、元素扩散、第二相的形成和长大，因此解决该问题的有效方法是采用高速喷涂方法。

纳米粉体通过团聚造粒制成微米级或更大颗粒，又存在以下几个方面的技术难题。

（1）纳米金属粉末保护以避免燃烧问题。当金属粉体粒径小到纳米级别时，金属的活性变得极高，非常容易在空气中与氧气产生剧烈化学反应，部分纳米金属会产生燃烧的现象。如粒径为 50nm 的 Fe 粉，在常温下便产生自发燃烧现象，必须采取有效手段避免金属在制备喷涂材料的过程中发生反应，最大限度保持纳米颗粒的活性。

（2）纳米金属粉体以及纳米金属碳化物的分散问题。纳米金属粉体以及纳米金属碳化物首先需要在水中制备成均匀、稳定的浆料，然后进行团聚造粒。与纳米金属氧化物相比，纳米金属以及纳米金属碳化物的密度更大，在水中更容易沉在水底部，造成浆料不均匀；金属表面活性较高，容易在水基浆料中相互吸附聚集，造成溶液不均匀、不稳定；应该选用恰当的分散剂并在溶液中适量加入，同时在浆料中加入磨球以保证浆料均匀、稳定。

（3）纳米复合粉末的粒径控制问题。热喷涂方法需要喷涂材料的粒径控制在 $44 \sim 350 \mu m$（$-325 \sim 45$ 目）范围内，粒径过小同样产生粉末飞扬和烧损问题，粒径过大也会产生送粉困难问题；应该选用恰当黏结剂并在溶液中适量加入，同时选用恰当的雾化方式以保证团聚造粒粉末粒径满足喷涂要求。

（4）纳米复合粉末的干燥问题。纳米复合粉末经雾化后，纳米粉体团聚成微米颗粒且粒径能够满足喷涂要求。此时粉末自身的强度很低，在外力的作用下容易产生粉碎。因此，雾化的同时需要对粉末进行加热干燥。经过团聚造粒的粉末颗粒内部由纳米粉末组成，表面的纳米粉体暴露在空气中仍然会产生燃烧问题，因此需要采取有效措施，保证纳米粉末在干燥的过程中不燃烧。

与纳米粉体团聚造粒相比，纳米颗粒在热喷涂过程中的烧结长大问题较容易解决。解决方法是：通过改善设备优化工艺来实现，选用操作方便且成本低廉的高速火焰喷涂方法，配以恰当的喷涂工艺。

5.3.2 纳米团聚造粒技术

5.3.2.1 纳米团聚造粒系统结构

纳米团聚造粒过程中面临许多技术难题，这些技术难题的解决是将纳米粉体材料成功制备成纳米喷涂材料的关键，"惰性气体保护纳米造粒系统"可以来解决这些技术难题。

惰性气体保护纳米造粒系统（见图 5-1）各部分组成及作用有以下几个方面。

（1）高压惰性气体进气管：为系统提供超过 10MPa 的惰性气体，从而为水基纳米复合浆料进行雾化提供动力。

（2）纳米浆料雾化器：将分散均匀的纳米复合浆料进行雾化，以获得粒径更大的颗粒。

（3）保护惰性气体进气管：为系统提供惰性气体保护，防止纳米复合粉末的氧化或燃烧。

（4）远红外履带加热装置：为系统提供热量供给。

（5）不锈钢罐体：为系统提供温度 300~400℃ 且有惰性气体保护的粉末干燥环境。

（6）角钢支架：为系统起支撑作用。

（7）槽钢底座：为系统提供支撑以及稳定整个系统。

5.3.2.2　利用纳米造粒系统造粒

利用纳米造粒系统进行现场造粒分以下两个阶段。

（1）配制纳米复合喷涂粉末水基浆料。用天平按比例分别称量纳米粉末，粉末的粒度不大于 50nm。通过现场试验发现，Fe 粉在粒度为 50nm 时，其熔点（燃点）已经降至室温以下，直接暴露在空气中的纳米 Fe 粉与空气产生剧烈燃烧。同时，燃烧的纳米 Fe 粉会促使其他纳米粉也发生剧烈的氧化反应，从而导致纳米粉体在喷涂之前失去活性，影响纳米涂层的性能。因此，在称量各组分纳米粉末时也要在惰性气体状态下进行。按比例称好的纳米粉放到蒸馏水中，配成纳米水基浆料。

为了保证水基浆料均一、稳定且具有良好的流动性及黏结性，选择适合纳米造粒的分散剂及黏结剂，按比例称量适量后加入水中，配制成纳米复合粉末水基浆料。将浆料放入混料桶中，然后放入磨球，混料筒密封后开始匀速旋转以使浆料充分混合。

（2）利用惰性气体保护纳米造粒系统进行造粒。首先利用远红外履带加热器对造粒系统进行整体加热，当温度达到 340℃ 时进行恒温。然后开启惰性气体保护进气管实施惰性气体保护，排开纳米造粒系统罐体内的空气。当罐内的空气基本被排除干净后，将纳米浆料注入纳米造粒雾化器中，开启惰性气体保护高压气管进行纳米浆料雾化，然后在罐体中进行干燥，最终制成纳米喷涂颗粒。

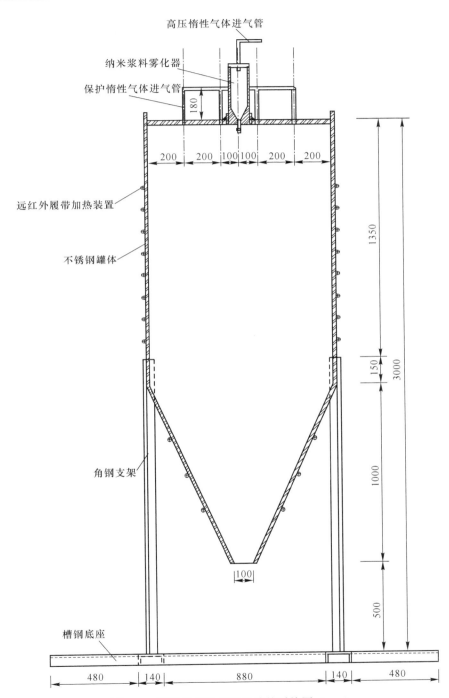

图 5-1 惰性气体保护纳米造粒系统图 (mm)

纳米团聚造粒中存在以下技术关键：

（1）纳米金属复合涂层材料粉末与水的质量比控制在 50% ~ 55%。

（2）在纳米金属复合涂层材料粉末中加入质量比为 3% ~ 5% 的黏结剂配制成纳米复合粉末水基浆料。

（3）将浆料放入混料筒中，混料筒中放入约 200 颗 $d=6mm$ 的钢球，混合过程中混料筒以 75r/min 的速度匀速转动，混合时间为 30min。

（4）高压惰性气体进气管为系统提供压力为 10 ~ 15MPa 的惰性气体，从而为水基纳米复合浆料进行雾化提供动力。

（5）雾化喷嘴喷雾的液滴粒径控制在 40 ~ 400μm。

（6）远红外履带加热装置为罐体内部提供温度 300 ~ 350℃，且有惰性气体保护的粉末干燥环境。

5.3.3 纳米"造粒"试验结果分析

造粒前首先对造粒的纳米粉末进行验证性分析。纳米 Al 的微观形貌如图 5-2 所示，纳米 Cr_3C_2 的微观形貌如图 5-3 所示。

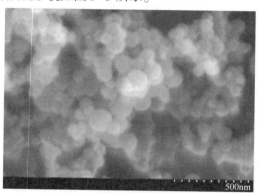

图 5-2 纳米 Al 的微观形貌

图 5-3 纳米 Cr_3C_2 的微观形貌

经造粒后的复合材料能够成为纳米喷涂材料的前提是满足如下技术要求：

（1）造粒后颗粒的形状为圆形或椭圆形，充分保证粉末具有很好的流动性。

（2）造粒后颗粒的粒径在 44~350μm（-325~45 目）之间，一方面保证粉末喷涂过程熔融充分，但不宜烧损；另一方面颗粒具有一定的质量，保证喷涂过程中不产生飞扬现象。

（3）造粒后颗粒的内部仍然保持纳米特性，各组分的百分比基本保持不变。

经过造粒后的纳米的表面形貌如图 5-4 所示，从图上可以看出，造粒后的纳米形状为圆形和椭圆形。从粒径测量的结果来看，纳米复合粉末的粒径在 114~178μm，满足喷涂对喷涂材料粒径的需求。进一步放大纳米颗粒，发现颗粒整体团聚很好（见图 5-5）。将纳米颗粒表面放大至 1 万倍和 5 万倍，发现纳米颗粒是由纳米粉末黏结而成，纳米颗粒内部的纳米粉末粒径在 100nm 以内，保持了原始的纳米状态。因此，经过"造粒"的粉末颗粒满足热喷涂工艺对喷涂材料的形状、粒径以及组分的相关要求，且颗粒内部仍然由纳米粉体组成，符合纳米喷涂材料相关要求。

图 5-4 纳米 Fe-Al/Cr_3C_2 造粒后的形貌及粒径

图 5-5 单个纳米 Fe-Al/Cr_3C_2 造粒后的形貌

5.4　电站金属部件表面强化用纳米涂层常用试验方法

5.4.1　常规性能测试

采用对偶件拉伸试验法，按照 GB/T 8642—2002 标准在微机控制电液式伺服万能压力试验机上测试涂层的结合强度。依据标准，试样规格为 $\phi50mm\times40mm$，涂层厚度 0.5mm。如图 5-6 所示，对试件进行喷涂处理后用高强度胶与未经喷涂的对偶件进行粘接，待完全固化后进行拉伸试验，每种涂层的结合强度值均取 5 个数据的平均值。

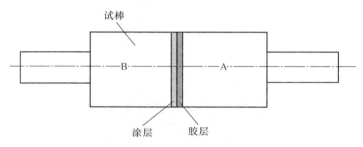

图 5-6　结合强度试件示意图

选用 25mm×16mm×4mm 的碳钢，在一个 25mm×16mm 面上进行喷涂，涂层厚度 0.5mm。对涂层表面首先利用砂轮打磨平整，然后用金相砂纸按金相试样要求对涂层表面进行磨制。在显微硬度计上测试涂层表面的显微硬度，测试的位置从试样中间往两边每隔 50μm 取一点，共取 10 点，每种涂层的显微硬度值均取 10 个数据的平均值。

5.4.2　高温腐蚀性能测试

高温腐蚀试验采用的加热炉为箱式电炉，采用电子天平对试样进行称重。试验用试样为 25mm×15mm×5mm 的基体材料，在试样的六个面上进行喷涂，涂层厚度不超过 0.5mm。将试验用的白刚玉陶瓷坩埚、自制坩埚架放于箱式电炉中，在 900℃下保温 30min，以去除其中的水分和其他易挥发物质。试验选用摩尔比为 7：3 的 $Na_2SO_4+K_2SO_4$ 饱和水溶液，在试样六个面上刷涂，刷涂量达 2.0 ～ 3.0mg/cm²，然后在高温下烘干后，取出称重。刷涂并烘干称重后的试件放在坩埚中，连同坩埚架一起放进电炉中，在 650℃下加热，保温 20h 后取出，待冷却后重新称重，重复以上实验过程，累计腐蚀时间 140h 计算求出单位时间试样腐蚀增重量。

腐蚀增重的数据按以下公式进行处理：
$$\Delta W_i = [(W_{i+2} - W_i)/A] - [(W_{i+1} - W_i)/A] \times 0.6$$

式中 W_i——第 i 次腐蚀前试件称重；

    W_{i+1}——第 i 次涂盐后的称重；

    W_{i+2}——第 i 次腐蚀后称重；

    A——试件的总表面积；

    0.6——扣除盐膜结晶水的系数。

5.4.3 冲蚀磨损性能测试

冲蚀试验前先对每个试样称重，记下试样的原始质量。冲蚀磨损试验采用垂直气-砂喷射式高温冲蚀磨损试验装置（简称 GW/CS-MS）。其系统工作原理示于图 5-7，结构简图如图 5-8 所示。该装置是参照 ASTNG 76—95 标准设计的，主要是模拟燃煤电站锅炉省煤器和一级过热器承受烟气—飞灰磨粒冲蚀磨损工况条件而设计的。

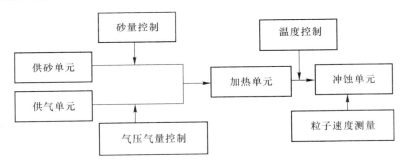

图 5-7 GW/CS-MS 装置系统工作原理图

冲蚀磨损试验采用的磨料为火电站的飞灰。为加强磨料的流动性，在飞灰中加入一定量的标准砂。首先将砂量调节杆锁紧，然后把飞灰装入漏斗，与此同时把试样夹到夹具上，按照要求的冲蚀角度调节好试样与水平面之间的角度，装入加热炉中加热到预定的温度。打开进气阀门通入气压为 0.15MPa 的空气。手动慢慢地旋动砂流量调节杆，将飞灰放下。放磨料过程中注意观察排气孔处，以便掌握好放砂速度。飞灰放下后与通入的空气在混合室内混合，气流将飞灰以一定的速度吹向试样表面。

试验参考参数为：大气压 0.15MPa；加热温度分别为室温 25℃、150℃、300℃、450℃ 和 650℃；冲蚀角度分别为 30° 和 90°；冲蚀时间控制在 5min 左右，飞灰的流速完全手动控制，总飞灰量为 175g。冲蚀试验完成后在空气中冷却试样，用丙酮清洗试样表面以去除残留的砂粒和飞灰，自然晾干之后称量试样冲蚀磨损后的质量，计算试样的冲蚀失质量。为了试验的准确性，每种涂层材料选用 3 个试样做冲蚀试验，取其失重的平均值作为试样最终的冲蚀失重。

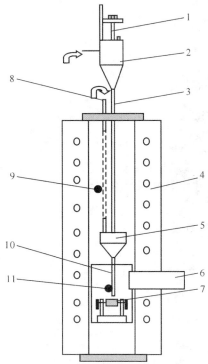

图 5-8　冲蚀磨损试验装置示意图

1—砂量调节杆；2—砂斗；3—进砂管；4—电阻炉；5—砂气混合室；
6—排气管；7—试样；8—载气预热管；9，11—热电偶；10—喷管

5.4.4　常用试验测试结果分析方法

采用金相显微镜按照 GB/T 3365—2008 标准用灰度法测量纳米涂层的孔隙率。

采用扫描电子显微镜（SEM）结合 X 射线能谱仪（EDAX）观察纳米粉末颗粒造粒前后的颗粒尺寸及成分组成的变化；采用扫描电镜结合能谱仪分析纳米涂层表面及截面的相组成及成分，并观察腐蚀表面及磨损表面的形貌特征及成分变化，探讨纳米涂层的腐蚀磨损机理。

除金相显微镜和扫描电子显微镜（SEM）外，检测设备还有透射电子显微镜（TEM）。透射电子显微镜是以波长极短的电子束作照明源，用电磁透镜聚焦成像的一种高分辨率、高放大倍数的电子光学仪器。目前，高质量物镜的分辨率高达 0.1nm 左右。

另外，扫描隧道显微镜（STM）也是一种新型表面测试分析仪器。它结构简单，分辨率高，可在真空、大气或液体环境下，在实际空间内进行原位动态观察

样品表面的原子组态，并可直接用于观察样品表面发生的物理或化学变化的动态过程及反应中原子的迁移过程等。它的横向分辨率达 0.2nm，在与样品垂直方向的分辨率高达 0.01nm，为材料表面表征及纳米结构制备技术开拓了崭新的领域。从工作原理上看，STM 对样品的尺寸、形状没有任何限制，且不破坏样品的表面结构。因此，STM 已成功地被用于单质金属、半导体等材料表面原子结构的直接观察。

表 5-1 列出了 STM、SEM、TEM、FIM（场离子显微镜）和 AES（俄歇电子能谱仪）等几种分析测试仪器的特点和分辨本领，可供研究人员选择使用。

表 5-1　几种分析测试仪器的特点和分辨本领对比表

分析技术	分辨本领	工作环境	工作温度	对样品的破坏程度	检测深度
STM	可直接观察原子 横向分辨率：0.1nm 纵向分辨率：0.01nm	大气、溶液、真空均可	低温、室温、高温	无	1~2 个原子层
TEM	横向分辨率：0.3~0.5nm 横向晶格分辨率：0.1~0.2nm 纵向分辨率：无	高真空	低温、室温、高温	中	等于样品厚度 （<100nm）
SEM	采用二次电子成像 横向分辨率：1~3nm 纵向分辨率：低	高真空	低温、室温、高温	小	1μm
FIM	横向分辨率：0.2nm 纵向分辨率：低	超高真空	30~80K	大	原子厚度
AES	横向分辨率：5~10nm 纵向分辨率：0.5nm	超高真空	低温、室温	大	2~3 原子厚度

6 新型纳米涂层及其表面强化效果

纳米涂层制备、试验及分析是纳米表面强化方法成功应用于电站金属部件表面强化的技术关键。本章采用高速火焰喷涂系统对经过造粒的纳米复合团聚颗粒进行喷涂，在结构材料表面上制备纳米复合涂层，对涂层进行精细结构分析。对纳米涂层的抗高温腐蚀性能、抗冲蚀性能进行对比，研究并探讨纳米涂层抗高温腐蚀、抗冲蚀机理，通过工程应用实例阐述纳米涂层的制备工艺特点，为技术人员应用纳米涂层实施电站金属部件表面强化提供参考。

6.1 纳米复合涂层组织及常规性能

图 6-1 为微米复合涂层及纳米复合涂层的宏观表面形貌，从图中可以看出，纳米复合涂层的表面质量显著高于普通微米复合涂层。复合涂层的表面呈灰白色，纳米复合涂层表面的颜色呈黑色，主要是由于纳米颗粒较小，已经细到小于可见光波长，对光的吸收率较高，宏观表现即颜色为黑色。上述纳米涂层的光学性能有可能使其成为太阳能的吸收材料以及雷达波的吸收材料。微米复合涂层表面起伏较大，孔洞较多、较深，涂层表面可见熔滴经撞击后的飞溅情况。纳米复合涂层表面较致密，几乎看不见孔洞，也很少看见熔滴撞击产生的飞溅，较高的涂层表面质量为纳米复合涂层在性能方面高于微米复合涂层提供保障。

从纳米复合涂层的截面形貌（图 6-2）可以看出，纳米涂层具有典型的层状结构。涂层层片之间铺展均匀，层片较小。纳米复合涂层内部存在细小颗粒，根据扫描电镜进行颗粒尺寸测量，发现灰色基质相内部颗粒依然保持纳米颗粒特性。比较微米复合涂层可以看出，微米涂层的截面中不仅存在孔隙、未熔化的颗粒、层与层之间的界面裂纹，涂层表面还存在一些细小的层裂，灰色基质相不存在其他颗粒，产生增强相分布不均匀的现象。对微米复合涂层及纳米复合涂层的截面线扫描分析，发现涂层与基体之间以及涂层层片间的元素过渡平缓，进一步验证了涂层与基体间良好的结合性能以及层面间的致密性。纳米涂层较薄的层片结构以及基质相内部的纳米颗粒增加了涂层的内聚力，使涂层更难产生层片间的滑动而失效。

纳米复合涂层的孔隙率、硬度以及结合强度三项性能指标的测量结果见表 6-1。从表 6-1 中可以看出，微米复合涂层的孔隙率为 2.3%，纳米复合涂层的孔隙率为 0.5%，纳米复合涂层的孔隙率约为微米复合涂层的 1/5。微米复合涂层的维氏硬

(a)

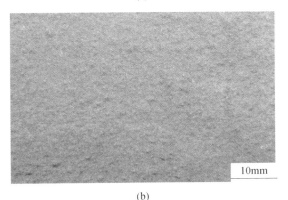

(b)

扫一扫看彩图

图6-1　复合涂层的表面宏观状态

（a）微米涂层；（b）纳米涂层

度为457，约为 HRC 46.0；纳米复合涂层的维氏硬度为787，约为 HRC 63.9。纳米复合涂层的洛氏硬度约为微米复合涂层的1.39倍。纳米复合涂层的结合强度约为微米复合涂层的2.43倍，纳米复合涂层粉末在喷涂过程中表面能显著高于微米复合涂层粉末，从而显著降低涂层与基材表面的 Gibbs 自由能 ΔG_{surf} 值，进而提高涂层与基材之间的结合强度。

表6-1　复合涂层的基本性能

涂层	孔隙率/%	显微硬度（$HV_{0.1}$）	结合强度/MPa
微米涂层	2.3	457	10.41
纳米涂层	0.5	787	25.23

6.2　纳米复合涂层抗腐蚀性能

材料的腐蚀与防护，一直是工业领域备受关注的课题。据统计，全球每年因

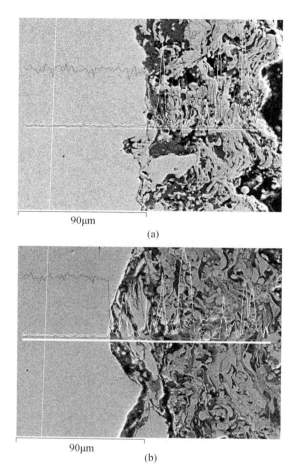

90μm

(a)

90μm

(b)

扫一扫看彩图

图 6-2　复合涂层的截面线扫描图

（a）微米涂层；（b）纳米涂层

腐蚀造成的经济损失约 45000 亿元，占各国国民生产总值的 2%~4%。我国的金属腐蚀问题也相当严重，目前我国年腐蚀损失（直接和间接）约为 4979 亿元。就电力行业而言，每年由于腐蚀问题导致易损部件失效所造成的直接经济损失也十分巨大，所造成的间接经济损失更是无法估量。电站金属部件表面强化的重点是高温腐蚀，高温腐蚀是以熔盐热腐蚀为主。

6.2.1　纳米复合涂层抗高温腐蚀性能

高温腐蚀是指金属材料在高温工作时，基体金属与沉积在工件表面的沉积盐及周围工作气体发生综合作用而产生的腐蚀现象。以某电厂高温易损部件外表面所产生的沉积物为例，该电厂的燃料为长焰煤。通过分析沉积物的形式来推断火电站高温易损部件的腐蚀机理, 结果见表 6-2 和表 6-3。从沉积物的分析结果来看, Fe、Al 等元素以氧化物形式存在, K、Na 等元素以硫酸盐或硫化物形式存在。高温易损部件的运行环境属于典型的高温腐蚀环境, 高温腐蚀对材料的使用寿命影响很大, 对高温易损部件实施热腐治理是保证火电站安全稳定运行的技术关键之一。

表 6-2 水冷壁表面腐蚀沉积物分析结果 (质量分数) (%)

分析项目	H_2O	Na_2O/K_2O	SO_3	Fe_2O_3	CaO	Al_2O_3	MgO	其余
结果	0.77	1.42	17.76	21.10	10.59	8.98	2.84	36.54

表 6-3 近表层腐蚀产物的元素分析结果 (质量分数) (%)

元素名称	Na	Mg	Al	Si	S	K	Ca	Fe	Zn
含量	6.3	1.2	3.4	9.3	22.0	14.9	11.9	29.2	1.7

利用纳米涂层进行抗高温腐蚀治理的过程中, 重点应该放在运行温度最高的部件来进行。温度越高材料的氧化程度越深, 硫酸盐及硫化物以液态形式存在的数量越多, 高温腐蚀越严重。在所有高温部件中, 运行温度最高的为过热器, 温度约为 650℃。根据高温腐蚀的特点, 在 650℃ 时高温腐蚀的产生是由于局部区域形成低熔点的金属氧化物——金属硫酸盐共晶或低熔点复合硫酸盐。碱金属盐类, 特别是 Na_2SO_4 和 K_2SO_4, 一般被认为是高温腐蚀产生的必要条件。

火电站高温易损部件的高温腐蚀, 依据腐蚀氛围分为三种类型: 氧化物型、硫酸盐型和硫化物型。制造高温金属部件的碳钢及合金钢中的 Fe 元素在高温条件下分别与 O 元素、SO_4^{2-} 和 S 元素发生化学反应, 下面对这些化学反应进行分析。

(1) 氧化物型。火电站高温易损部件主要由碳钢或低合金耐热钢制成, 无论是碳钢还是合金钢, 腐蚀的主要产物是 Fe 的氧化反应生成 Fe 的氧化物。研究表明, 当温度低于 570℃ 时, Fe 与 O_2 发生如下反应:

$$2Fe + O_2 =\!=\!= 2FeO$$
$$3Fe + 2O_2 =\!=\!= Fe_3O_4$$
$$4Fe_3O_4 + O_2 =\!=\!= 6Fe_2O_3$$

由于高温易损部件上生成了 Fe_3O_4, 氧化过程会减慢, 但是 Fe_3O_4 的导热性能较差, 会引起部件温度的逐渐升高。当温度高于 570℃ 时, 将加速铁的高温氧化, 即 Fe_3O_4 与铁继续作用:

$$Fe_3O_4 + Fe =\!=\!= 4FeO$$

FeO 在高温下的氧化:

$$4FeO + O_2 =\!=\!= 2Fe_2O_3$$

（2）硫酸盐型。硫酸盐腐蚀过程主要通过两个过程来进行：一个过程是沉积层中的熔融碱性硫酸盐吸收 SO_3，并在 Fe_2O_3 和 Al_2O_3 的作用下，生成具有腐蚀性的复合硫酸盐 $(Na,K)_3(Fe,Al)(SO_4)_3$；另一种途径是上述反应的中间产物碱金属焦硫酸盐 $(Na,K)_2S_2O_3$ 的腐蚀。

$$3Na_2SO_4 + Fe_2O_3 + 3SO_3 = 2Na_3Fe(SO_4)_3$$
$$3K_2SO_4 + Fe_2O_3 + 3SO_3 = 2K_3Fe(SO_4)_3$$
$$3K_2SO_4 + Al_2O_3 + 3SO_3 = 2K_3Al(SO_4)_3$$
$$Na_2SO_4 + SO_3 = Na_2S_2O_7$$
$$3Na_2S_2O_7 + Fe_2O_3 = 2Na_3Fe(SO_4)_3$$
$$K_2SO_4 + SO_3 = K_2S_2O_7$$
$$3K_2S_2O_7 + Fe_2O_3 = 2K_3Fe(SO_4)_3$$

复合硫酸盐 $(Na,K)_3(Fe,Al)(SO_4)_3$ 以及碱金属焦硫酸盐 $(Na,K)_2S_2O_3$ 的沉积量不断增多，促使沉积层表面温度不断上升。当温度上升至硫酸盐熔点时，易损部件表面上的氧化膜 Fe_2O_3 就会被硫酸盐溶解破坏，继续反应生成复合硫酸盐。新生成的复合硫酸盐紧贴在金属表面且为液态，与金属 Fe 进一步发生硫酸盐腐蚀反应：

$$12(Na,K)_3Fe(SO_4)_3 + 20Fe = 3FeS + 3Fe_3O_4 + 10Fe_2O_3 + 18(Na,K)_2SO_4 + 15SO_2$$

硫酸盐腐蚀反应的产物再次作为腐蚀剂，继续参与新一轮的硫酸盐反应。上述过程不断重复进行，金属铁就不断被腐蚀，进而造成受热面管道不断减薄。当管道减薄至某一临界值时，就会在内部高压气体的作用下而爆裂。

（3）硫化物型。硫化物型腐蚀是由黄铁矿硫造成的，多发生在高温易损部件之一的水冷壁上。煤中的硫以三种形态存在：有机硫（与 C、H、O 等结合成复杂的化合物）、黄铁矿硫（如 FeS）和硫酸盐硫（如 $CaSO_4$、$MgSO_4$、$FeSO_4$ 等）。其腐蚀过程为：黄铁矿粉末随未燃尽的煤粉气流冲刷管壁，在还原气氛条件下受热分解，生成了活性硫原子和硫化亚铁，即：

$$FeS_2 = [S] + FeS$$

当管壁附近有一定浓度的 SO_2 气体存在时，也可能生成活性硫原子，即：

$$2H_2S + SO_2 = 3[S] + 2H_2O$$

在还原性气氛中，当管壁温度达到 623K 时，活性硫原子与 Fe 发生硫化作用，即：

$$[S] + Fe = FeS$$

FeS 还可以透过疏松的 Fe_2O_3，与较致密的磁性氧化铁层 Fe_3O_4（即 Fe_2O_3 - FeO）中复合的氧化铁 FeO 作用，生成黑色的磁性氧化铁 Fe_3O_4，使管壁受到腐蚀，即：

$$3FeS + 5O_2 = Fe_3O_4 + 3SO_2$$

　　FeS 是产生 SO_2 和 SO_3 的物质，它的存在将促使硫酸盐型腐蚀的加剧。硫化物型腐蚀和硫酸盐型腐蚀往往同时发生，且相互促进。

6.2.2　纳米复合涂层抗高温腐蚀试验结果

　　图 6-3 为 650℃时微米复合涂层和纳米复合涂层的腐蚀动力学曲线，从图中可以看出，两组涂层的腐蚀动力学曲线均呈抛物线规律，微米复合涂层的腐蚀动力学曲线较陡。比较而言，纳米涂层的腐蚀动力学增长相对较缓。纳米涂层在经过 60h 的腐蚀后，涂层的腐蚀增重更加缓慢，呈现近似水平趋势。腐蚀动力学曲线随腐蚀时间增加的变化规律反映涂层的抗高温腐蚀性能：曲线随时间的延长增加幅度越缓，抗腐蚀性能越好；曲线随时间延长增加幅度越陡，抗腐蚀性能越差。因此，纳米复合涂层抗高温腐蚀性能显著高于微米复合涂层。

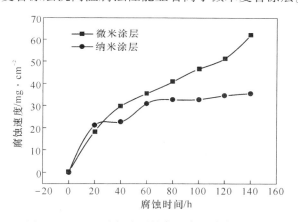

图 6-3　650℃时各涂层的高温腐蚀动力学曲线

6.2.3　纳米复合涂层抗高温腐蚀结果分析

　　腐蚀动力学曲线可方便直观地反映出各涂层在高温腐蚀环境条件下腐蚀产物的增长情况，但是腐蚀产物的增长速度以及增长方式却不能直观地反映出来。为了能够更加深入地分析纳米复合涂层的腐蚀速率以及腐蚀产物的增长方式，需要对涂层的腐蚀动力学曲线进行拟合分析，并求出每种涂层的腐蚀动力学方程。

　　以 y 代表腐蚀产物的厚度或单位面积质量的变化量，x 代表腐蚀的时间，a 代表腐蚀速度常数，b 为常数。金属材料腐蚀速度规律可被描述成直线形、抛物线形、对数形以及立方形四种类型的动力学方程。

　　通过对涂层高温腐蚀的曲线分析，发现曲线的形式与直线形规律、对数形规律以及立方形规律相差比较大。与抛物线形状比较接近，因此初步选定微米、纳米复合涂层的腐蚀动力学曲线进行抛物线形拟合。但是在实际拟合的过程中发现，另一种幂函数规律对曲线的拟合效果更好。

$$y = ax^b (a > 0, \ 0 < b < 1)$$

复合涂层的腐蚀动力学曲线的腐蚀动力学方程列于表6-3。比较抛物线形拟合方程和幂函数形拟合方程的标准误差和相关系数。结果表明，幂函数拟合方程与实际值的标准误差均低于抛物形拟合方程；幂函数拟合方程与实际值的相关系数均高于抛物形拟合方程。因此，幂函数形拟合方程更适合复合涂层腐蚀动力学曲线的拟合。

幂函数 $y = ax^b$ 拟合复合涂层腐蚀动力学曲线后各参量的物理意义：自变量 x 为腐蚀时间，因变量 y 为腐蚀增重。腐蚀增重 y 对腐蚀时间 x 求导即可得出腐蚀增重速率方程，按照腐蚀速率方程绘制的曲线如图6-4所示。

表6-4　纳米涂层的腐蚀动力学方程

涂层	曲线形式	拟合方程	标准误差	相关系数
微米涂层	抛物形	$-8.5672 \times 10^{-6} x^2 + 2.8475 \times 10^{-3} x$	0.0157	0.9826
	幂函数形	$0.0121 x^{0.5997}$	0.0080	0.9955
纳米涂层	抛物形	$-13.2167 \times 10^{-6} x^2 + 2.778 \times 10^{-3} x$	0.0164	0.9472
	幂函数形	$0.0356 x^{0.2844}$	0.0066	0.9915

从图6-4中可以看出，复合涂层的腐蚀速率随时间的增加而下降，可见复合涂层都能够起到保护基体的效果。比较而言，纳米复合涂层的腐蚀速率更低。以腐蚀时间140h为例，纳米复合涂层的腐蚀速率是微米复合涂层的0.295倍。如果假定微米复合涂层的腐蚀速率为100%，纳米复合涂层的腐蚀速率为微米复合涂层的29.5%。

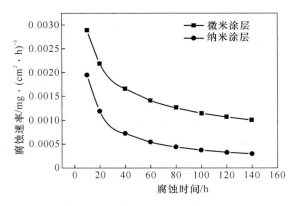

图6-4　涂层动力学曲线拟合方程的腐蚀速率

图6-5为微米复合涂层和纳米复合涂层在650℃、腐蚀时间140h时的表面形貌照片。为了最大限度保持腐蚀表面的原始形貌及腐蚀产物成分，未对腐蚀试

样进行清洗。从图中可以看出，涂层表面在腐蚀过程中生成了大量凸起的氧化物。

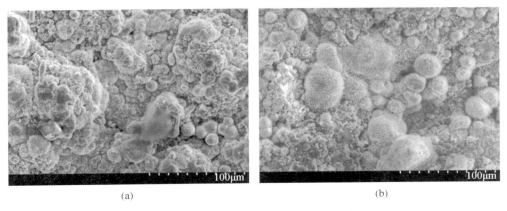

(a)   (b)

图 6-5 复合涂层腐蚀后的表面 SEM 照片

(a) 微米涂层；(b) 纳米涂层

结合图 6-6 和图 6-7 涂层表面的 EDS 分析表明，在被腐蚀的涂层表面，明亮发光的表面致密处为腐蚀过程中生成的铬的氧化物，而其他区域主要为铁的氧化物。比较而言，微米涂层表面 Fe 的氧化物所占比例更大，纳米涂层 Cr 的氧化物所占比例更大，即纳米涂层表面 Cr_2O_3 氧化膜更加致密，对内部的保护效果更好。

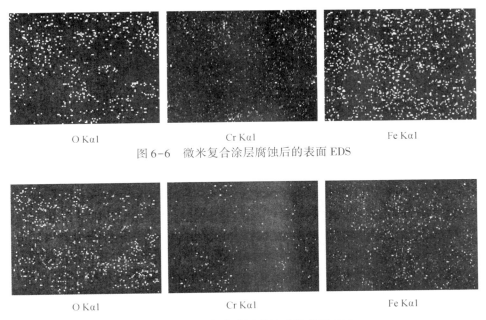

O Kα1   Cr Kα1   Fe Kα1

图 6-6 微米复合涂层腐蚀后的表面 EDS

O Kα1   Cr Kα1   Fe Kα1

图 6-7 纳米复合涂层腐蚀后的表面 EDS

6.3　纳米复合涂层抗磨损性能

磨损是物体相对运动时表面的物质不断产生残余变形或其他损伤的现象。按照电站易损部件表面破坏的机理和特征，磨损可分为磨粒磨损和冲蚀磨损。磨粒磨损通常发生在常温易损部件上，例如轴类的磨损。冲蚀磨损不但在低温部件上发生，例如风机叶轮叶片的磨损，而且在高温易损部件上也同样发生，例如受热面管道的磨损。

为了对纳米复合涂层的抗磨粒磨损和抗冲蚀磨损性能有比较全面的掌握，对纳米复合涂层进行磨损性能研究。由于磨粒磨损发生在常温易损部件上，因此磨粒磨损试验的试验温度选择在室温25℃。由于冲蚀磨损在常温易损部件和高温易损部件上都存在，因此冲蚀磨损试验的试验温度选择了室温25℃、150℃、300℃、450℃、650℃。同时，由于冲蚀磨损程度高低与攻角大小有关，在上述五组温度选定的同时，分别对涂层在小攻角30°和大攻角90°进行冲蚀磨损性能测试。在磨损性能测试后，分别对不同磨损形式进行磨损机理探讨，为下一步利用纳米复合涂层对火电站易损部件实施抗磨损治理奠定基础。

（1）磨粒磨损。两物体表面相互摩擦而引起表面材料损失的现象叫做磨粒磨损。磨粒通常指非金属矿物或岩石，例如氧化铝、氧化硅等。发生磨粒磨损时，材料微粒从表面脱落形成磨屑，整体磨损情况和磨料与材料表面接触变形过程有关。影响磨粒磨损的主要因素有材料硬度、弹性模量、磨粒尺寸、载荷和表面粗糙度等。在同一工况条件下，磨料尺寸和载荷一定，磨料磨损性能主要由材料硬度、弹性模量和表面粗糙度来决定。

（2）冲蚀磨损。冲蚀又称为"冲刷腐蚀磨损"，它是固体表面同含有固体颗粒的流体接触相对运动时，其表面材料发生损耗的一种形式，它包括了流体的腐蚀和粒子的冲击磨损，主要发生在材料的表面层。固体粒子冲击到靶材表面上，除入射速度低于某一临界值外，一般都会造成靶材的冲蚀破坏。材料耐磨性通常以磨损率的倒数来表示。磨损率即每单位质量的粒子（磨粒）所造成的材料迁移（磨损）质量来度量，常以符号 ε 表示，即：

$$\varepsilon(冲蚀磨损率) = 材料失重(g) / 磨粒质量(g)$$

为了准确和方便，将颗粒质量换为了被冲蚀工件的质量。材料的冲蚀率是一个受工作环境影响的系统参数。

火电站煤粉燃烧形成的高温烟气中，含有10%～20%的飞灰。随着煤质的下降，部分火电站高温烟气中飞灰的数量甚至达到40%以上。飞灰尺寸为2～500μm，冲击易损部件的平均速度为15～40m/s，受热面管道表面温度分别为650℃、450℃、300℃和150℃，叶轮叶片的表面温度为室温25℃。飞灰以不同的攻角冲击易损部件，水冷壁及叶轮叶片以小攻角20°~30°冲击为主，过热器、再热器以及省煤器以大攻角90°为主。易损部件在上述工况下，极易遭受冲蚀。飞灰中所含矿物质较多，其中对磨损影响较大的是石英和黄铁矿，含量分别为30%~40%和20%~30%。石英和黄铁矿的硬度较高，均高于HV1100，会加剧炉管表面的飞灰冲蚀磨损，冲蚀磨损治理已经成为保证火电站安全稳定运行的技术关键之一。

6.3.1　纳米复合涂层抗磨粒磨损性能

在电力易损部件磨损中，磨粒磨损是最重要一种磨损类型。它是当摩擦副存在坚硬的凸起，或者在接触面之间存在着硬质粒子时所产生的一种磨损。硬质粒子可以是磨损产生而脱落在摩擦副表面间的金属磨屑，也可以是自表面脱落下来的氧化物或沙、灰尘。由于磨粒磨损没有或较少涉及润滑与黏着问题，所以相对来说是一种最简单的磨损形式。

6.3.1.1　纳米复合涂层抗磨粒磨损性能结果及分析

材料的磨粒磨损性能可用单位时间或单位距离内产生的磨损量来衡量。经测试，微米复合涂层的磨损量是纳米复合涂层的磨损量的5.11倍。

根据材料耐磨性的定义，材料耐磨性是指某种材料在一定的摩擦条件下抵抗磨损的能力。通常，它以磨损率的倒数来表示，即：

$$\varepsilon = 1/W$$

式中　　ε——材料的耐磨性；

　　　　W——材料在单位时间或单位距离内产生的磨损量。

经过换算，纳米复合涂层的耐磨性是微米复合涂层的5.11倍。

图6-8为复合涂层的磨损表面扫描电镜照片。从图6-8(a)看出，微米涂层在磨损过程中，由于涂层表面硬质颗粒较为突出，两个滑动表面相接触时，法向载荷和切向载荷通过硬质颗粒接触点传递，较软的涂层的微凸体易于变形或在重复载荷作用下发生断裂，致使硬质颗粒剥落，因此磨损开始阶段失重较大；而随着磨损的进一步进行，表面形成较光滑平面，这时的接触就成为硬的摩擦副对平的涂层表面的接触。当硬的摩擦副对涂层相对摩擦时，涂层表面上的每一接触点都要承受周期性载荷。施加于涂层上的摩擦牵引力使其表面层发生塑性剪切变形，当变形随重复载荷累积到一定程度时，裂纹或空穴在变形层中的杂质或碳化物粒子处萌生，裂纹一旦出现，在外界载荷作用下扩展或许会与邻近的裂纹相连接，导致长而薄的磨损薄片剥落。从图6-8(b)可以看出，随着纳米的加入，涂层层片剥落的面积及深度逐渐减小，涂层的破坏形式由犁削剥层磨损逐渐转变为划擦均匀磨损。

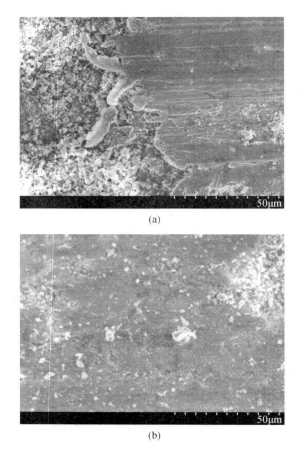

图 6-8　复合涂层的磨损表面扫描电镜照片

（a）微米涂层；（b）纳米涂层

6.3.1.2　纳米复合涂层磨粒磨损机理讨论

从摩擦副材料的角度出发分析，磨粒磨损取决于磨粒硬度 H_a 和金属硬度 H_m 之间的相互关系，于是得到三种不同磨损状态。当 $H_a < H_m$ 时，为低磨损状态；当 $H_a \approx H_m$ 时，为磨损转化状态；当 $H_a > H_m$ 时，为高磨损状态。为了确定高磨损状态下材料的抗磨粒磨损性能，赫罗绍夫试验了各种材料与硬度呈线性关系。根据试验，金属材料对磨粒磨损的抗力与 H/E 成比例，其中 H 为材料硬度，E 为弹性模量。材料的 H/E 越大，在相间接触压力下弹性变形量增大。由于接触面积增加，单位法向力反而下降，致沟槽深度减小，堆在沟槽两侧的材料也少，故磨损量也减小。提高材料（包括涂层材料在内）的抗磨损性能可以选择两种途径：一种途径是提高材料的硬度 H，另一种途径是降低材料的弹性模量 E。已经证实，随着纳米的加入，涂层的硬度增大，高硬度提高了涂层抗磨粒磨损能力。

弹性模量是反映材料内原（离）子键合强度的重要参量。早期的实验结果显示，纳米材料的弹性模量比多晶材料低15%～50%，后来查明是样品中微孔隙造成的。Sanders 等人的实验结果表明，弹性模量随样品中的微孔隙增多而线性下降。对纳米 FeCu 和 Ni 等无微孔隙样品的测试结果显示，其弹性模量比普通单晶材料略小（<5%），并且随晶粒减小，弹性模量降低。在分子动力学计算模拟中也得到了同样的结论，这主要是因为其中有大量的晶界和三叉晶界等缺陷。根据纳米材料弹性模量实验结果，推算出其中晶界和三叉晶界的弹性模量约为多晶材料的70%～80%，与同成分非晶态固体的弹性模量相当，这说明晶界的原键和状态可能与非晶态原子的键合状态相近。纳米复合团聚颗粒的加入改变了涂层的硬度值及弹性模量，硬度值的提升以及弹性模量的降低整体提高了纳米涂层的抗磨性。

6.3.2　纳米复合涂层抗冲蚀磨损性能

冲蚀磨损是火电站易损部件最常见的磨损形式，造成危害的范围较广。因此，对火电站易损部件进行抗冲蚀磨损治理具有重大现实意义。

6.3.2.1　基于冲蚀行为的影响因素研究

图 6-9 和图 6-10 分别为微米涂层、纳米涂层在不同冲蚀条件下的磨损失重结果。冲蚀温度依据不同部件的运行工况条件来确定：室温 25℃，风机的叶轮叶片；150℃，部分尾部烟道；300℃，炉膛水冷壁外壁温度；450℃，省煤器管外壁温度；650℃，过热器管外壁温度。冲蚀角度选择 30°小角度攻角和 90°大角度攻角。试验的最终目的是考察复合涂层加入纳米颗粒后，在不同温度、不同攻角状态下所产生的性能变化，并选择恰当的机理模型予以解释。

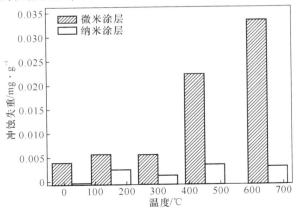

图 6-9　复合涂层在攻角 30°时的冲蚀失重

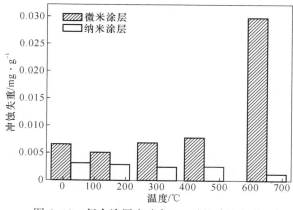

图 6-10　复合涂层在攻角 90°时的冲蚀失重

A　冲蚀温度的影响

从图 6-9 和图 6-10 中可以看出，冲蚀温度对材料的耐冲蚀性能有较大影响。常温条件下，涂层抗冲蚀磨损性能的差别不是很大。当温度超过 300℃以后，涂层的抗冲蚀性能的差别逐渐加大，特别是在 650℃时，涂层抗冲蚀性能的差别达到最大值。微米涂层的抗冲蚀磨损能力随温度的增加而下降。对于不同温度下材料的冲蚀性能的变化，主要原因是氧化物层的变化。在常温下，涂层在冲蚀的过程中是对喷涂的层状结构进行的冲蚀磨损。在冲蚀过程中，由于没有保护，高速的砂粒直接冲击到了涂层的层状结构，并在层与层之间的结合处出现微裂纹。微裂纹在冲蚀过程中会不断生长，最终会导致涂层出现破碎和剥落。当温度在 150℃以下时，纳米涂层是依靠比微米涂层更加致密以及更高硬度、更高韧性来提高抗冲蚀磨损能力，因而涂层抗冲蚀能力的差别在一个数量级以内。当温度超过 300℃时，微米涂层的抗冲蚀性能随温度的升高而下降，主要原因是涂层的强度随温度的升高而下降。纳米涂层在高温条件下的冲蚀优势逐渐显现出来，在冲蚀进行的同时，涂层的表面迅速氧化，从而会在表面生成一层氧化物层，且氧化物层的厚度及致密度随着纳米颗粒的加入而增大。氧化物层在冲蚀的过程中可以保护涂层不被进一步冲蚀，主要是因为涂层在冲蚀过程中，氧化物层会逐渐生长成比较致密的结构。而这种致密的结构可以减少裂纹的产生，从而使得涂层的冲蚀损失减少。

B　攻角的影响

攻角是指材料表面与入射粒子轨迹之间的夹角，也可称为入射角或攻击角。材料的冲蚀率和攻角有密切关系。典型塑性材料最大冲蚀率出现在攻角 15°～30°内，典型脆性材料则出现在正向攻角 90°，其他材料一般介于两者之间，攻角与冲蚀率的关系可表达为：

$$\varepsilon = A\cos^2\alpha\sin n\alpha + B\sin^2\alpha$$

式中，ε 为冲蚀率；α 为攻角；n、A、B 为常数，典型的脆性材料 $A=0$，而塑性材料时，$B=0$，$n=\pi/2a$。其他材料在小攻角下塑性相起主要作用，在大攻角下脆性相起主要作用，改变式中 A、B 值便能满足要求。当温度一定时，根据塑性相与脆性相起作用的情况可以判断出材料在该温度下表现材料特性：如果此温度下材料的小攻角的冲蚀率小于大攻角的冲蚀率，则材料在此温度下表现为脆性冲蚀；如果此温度下材料的小攻角的冲蚀率大于大攻角的冲蚀率，则材料在此温度下表现为塑性冲蚀。

　　由于涂层本身的特殊性，其冲蚀形式复杂。从图 6-9 和图 6-10 所示的复合涂层在攻角分别为 30°和 90°时冲蚀失重可以看出，涂层材料在攻角 90°时的冲蚀损失均大于攻角 30°时的冲蚀损失，主要原因有两方面：一方面是涂层自身因素，微米涂层本身的硬度较高，脆性较大，在正面冲蚀时容易被击碎剥落，但侧面冲蚀时的刮削就比较困难。纳米涂层的特性使涂层塑韧性提高，攻角 90°时的冲蚀损失率大于攻角 30°。另一方面是外因，即攻角 90°与攻角 30°相比，粒子对涂层冲击能量更大，对涂层的破坏能力更强。具体机理将在下面的原理分析部分进行介绍。

C　孔隙率的影响

　　由于涂层本身的特性以及各种增强相与基质相的结合度有差距，因此微米、纳米复合涂层的孔隙率也存在差异。而孔隙率的差异，同样会对涂层的抗冲蚀性能产生影响。

　　将孔隙假设为球状，在一维方向上的孔隙处的应力分布就可以通过计算来得到。如图 6-11 所示，假设孔隙的中心到涂层表面的距离是 d，而孔隙的半径是 ρ，则 d/ρ 将决定孔隙处的应力分布。在图 6-12 中，当孔隙处与表面接触时（$d/\rho=1$）应力集中达到最大值。其最大集中的点是在与涂层表面最近距离的点，其集中系数的数值可以计算如下：

$$\alpha_A = (\sigma_X)_A/\sigma_0$$

其集中系数与 d/ρ 的关系如图 6-13 所示。

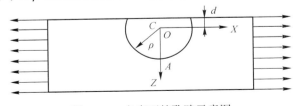

图 6-11　在表面的孔隙示意图

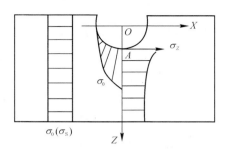

图 6-12   孔隙沿对称线处的应力分布

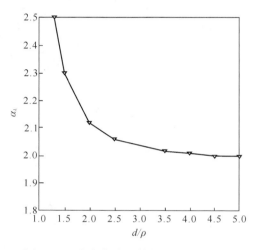

图 6-13   应力集中系数与变形率的关系

通常，孔隙半径增加，则应力增大，在大半径的孔隙边缘更容易产生裂纹，从而导致在冲蚀的过程中涂层剥落。因此，尽量降低孔隙率，可以一定程度地提高涂层的抗冲蚀性能。而从上面微米、纳米涂层的比较也同样可以看出，孔隙率低的涂层抗冲蚀性能好。

D   涂层硬度、脆性及纳米颗粒含量的影响

涂层的硬度对涂层的冲蚀性能有影响。在同等的条件下，涂层的硬度高，其抗冲蚀磨损的性能也较高。但脆性对涂层的抗冲蚀性能影响更大，主要是因为涂层在冲蚀过程中，涂层基本性能对涂层的损失有很大的影响，当涂层的脆性大时，涂层容易在冲蚀过程中出现裂纹，从而发生涂层的剥落。而当涂层的脆性较小时，涂层出现裂纹的概率下降，其冲蚀的损失也会减小。纳米颗粒加入使基质相 FeAl 金属间化合物生成更加紧密，增强相 Cr_3C_2 的分布更加弥散、均匀。纳米颗粒加入带来涂层硬度增加的同时，改善了涂层的脆性，因此涂层的抗冲蚀性能

随纳米颗粒加入而增加。从微米、纳米涂层的比较来看，微米涂层因为脆性较大，其冲蚀的损失较大；纳米复合涂层的抗冲蚀性能较好。

6.3.2.2 冲蚀特性分析

冲蚀磨损是一种特殊的磨损方式，它既不是纯冲击，也不是一般的滑动磨损，而是两个过程的复合。其过程是：在冲击瞬间，两对磨面相互碰撞，在摩擦界面间有硬质磨粒存在，同时各界面有相对滑动；当冲击结束时，两对磨面脱离接触，不摩擦不磨损。这两个过程周而复始地交替进行。冲击磨料磨损是一种极恶劣的磨损工况，在该工况下工作的零部件都表现出极短的寿命。

A 纳米复合涂层冲蚀特性

从纳米复合涂层在不同冲蚀温度和攻角下的冲蚀结果可以看出，当攻角90°时，随着温度提高，纳米复合涂层的冲蚀失重随温度的升高而下降，抗冲蚀性能随温度的升高而提高；当攻角30°时，随温度升高，纳米复合涂层的冲蚀失重随温度的升高而升高，抗冲蚀性能随温度的升高而下降。高温条件下，大攻角90°的抗冲蚀性能高于小攻角30°。

分析发现高温大攻角的冲蚀增重的原因：高温时，形状尖锐的冲蚀用磨粒划过涂层的表面，使一部分氧化膜由于和基体塑性变形不协调而开裂和剥落，从而使新鲜涂层合金暴露出来。合金中的纳米 Cr 和纳米 Al 由于和氧有较高的亲和力，容易促进损伤氧化膜的愈合；同时涂层合金由于发生塑性变形，化学位升高，活性增大，使纳米 Cr 和纳米 Al 的氧化加速，表现为涂层增重。当磨粒连续不断地冲击涂层表面时，涂层表面氧化膜厚度增加的速率，高于氧化膜的破裂去除和涂层合金的损耗速率时，就表现出涂层增重趋势，涂层的高温耐冲蚀性能因此得到提高。当温度处于25℃、150℃、300℃时，从涂层磨损表面形貌图6-14（a）~（c）和图6-15（a）~（c）可以看出，涂层表面出现由于粒子冲击而造成的凹坑和断裂。涂层的被冲蚀的表面出现了明显的裂纹，结合涂层大攻角90°的抗冲蚀性能高于小攻角30°的事实，表明温度不高于300℃时，涂层发生了脆性冲蚀。涂层在冲蚀过程中主要是微裂纹的出现、生长、扩展并最终脱落的过程。同时，由于涂层的脆性较大，涂层在反复的冲击力作用下，不断出现疲劳损伤，涂层的典型层状结构更加剧了这种趋势。当疲劳损伤积累到一定程度时，会在层间缺陷处形成微裂纹；在交变应力的持续作用下，这些微裂纹长大、连接，沿层间的缺陷扩展；当这些裂纹扩展到临界长度时，就会导致涂层中的扁平颗粒部分或整体脱落，出现剥落。

当温度高于450℃时，从涂层磨损表面形貌图6-14（d）、（e）和图6-15（d）、（e）可以看出，涂层表面以犁削、铲削以及较浅的凹坑失效形式为主；同时也存在

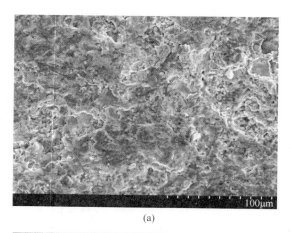

(a)

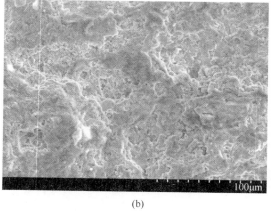

(b)

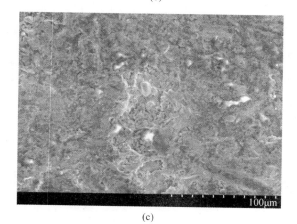

(c)

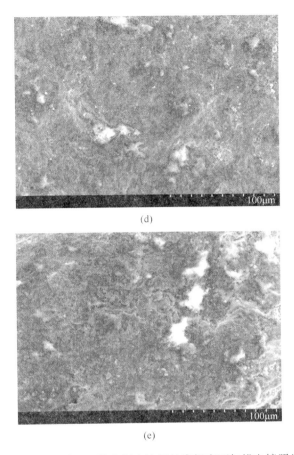

(d)

(e)

图 6-14　攻角 30°纳米复合涂层的磨损表面扫描电镜照片
(a) 25℃；(b) 150℃；(c) 300℃；(d) 450℃；(e) 650℃

少量的脆性冲蚀。在高速的尖锐的磨料划过涂层表面时，某些相对较软或结合不紧密的区域就会被砂粒刮削而离开涂层，某些较脆的地方则可能在冲击下出现裂纹而剥落。涂层在此温度下出现了冲蚀机理的转变，从较低温度下的脆性冲蚀逐渐转变为高温下的塑性冲蚀。纳米涂层表现为塑性冲蚀特性。

可见，温度低于 450℃时，纳米涂层表现出脆性材料的冲蚀行为；温度等于或高于 450℃时，纳米涂层的冲蚀机理发生变化，呈现出塑性冲蚀行为。冲蚀行为的变化，一方面表明涂层的冲蚀机理发生改变，另一方面也间接表明涂层的表面状态和结构也发生了改变，即具有一定保护作用氧化膜的形成。氧化膜的出现使较低温度下材料的脆性冲蚀行为逐渐转变为较高温度下塑性的冲蚀-氧化行为，从而使其冲蚀机制发生了变化。以攻角 90°为例，对比 300℃与 450℃涂层表面的EDAX 分析结果。结果表明，在冲蚀表面处，不论什么温度都出现了一层致密的

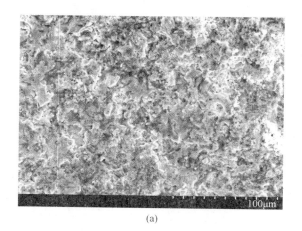

(a)

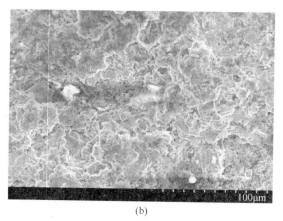

(b)

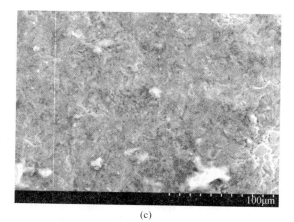

(c)

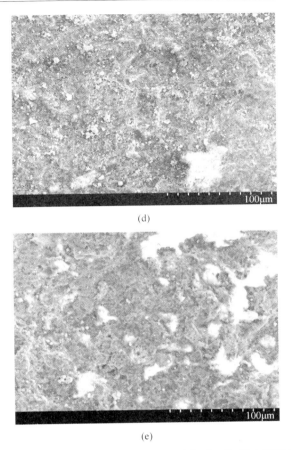

图6-15 攻角90°纳米复合涂层的磨损表面扫描电镜照片
(a) 25℃；(b) 150℃；(c) 300℃；(d) 450℃；(e) 650℃

氧化物保护层，随着温度的升高，涂层外表面的氧化物保护层 Fe_2O_3 的数量逐渐减少，Al、Cr 的氧化物的数量逐渐增加。

分析原因认为，由于高速的砂粒与涂层表面冲击摩擦，使得涂层表面达到了很高的温度。在高温下，涂层表面的合金元素开始氧化，而开始阶段出现的主要是 Fe 的氧化物，由于 Fe 的氧化物结构疏松，很快就在砂粒的冲击下破碎剥落。由于涂层中添加了纳米 Cr_3C_2，在冲蚀过程中会出现部分纳米 Cr_2O_3，它可以提高纳米 Al_2O_3 的蠕变性能，细化了 Al_2O_3 晶粒，减少纳米 Al_2O_3 膜由生长应力导致的开裂，可以抑制氧化层的剥落，促进 Al 的选择氧化，使表面纳米 Al_2O_3 氧化层增多。最终形成了连续的 Al 氧化物保护层，在涂层表面保护涂层不被进一步冲蚀。

B 微米复合涂层冲蚀特性

无论是攻角为30°还是攻角为90°，随着温度提高，微米复合涂层的冲蚀失重随温度的升高而增加，抗冲蚀性能随温度的升高而下降。温度不高于 300℃时，涂层攻角 30°的冲蚀失重低于攻角 90°，即微米涂层在攻角 30°的抗冲蚀磨损性能高于攻角 90°，涂层以脆性冲蚀为主；温度不低于 450℃时，涂层攻角 30°的冲蚀失重高于攻角 90°，即微米涂层在攻角 30°的抗冲蚀磨损性能低于攻角 90°，涂层以脆性冲蚀为主。

从图 6-16 微米涂层在攻角 30°不同温度下冲蚀表面的 EDAX 分析，可以看出，温度对涂层的耐冲蚀性能有一定的影响，这也和涂层的冲蚀机理有一定的关系。涂层在常温下以脆性剥落失效为主；450℃时，涂层的失效形式以凿削和刮削两种同时进行；650℃时，涂层的失效形式以刮削为主。涂层由于常温塑性差，容易在冲击的作用下产生裂纹，随着时间的增长，裂纹生长并剥落。而到了高温以后，涂层的冲蚀机理发生了变化，主要是塑性冲蚀特性。从表 6-5 中涂层表面元素的所占比例来看相对较高。研究表明，常温条件下 Cr 元素改善了 FeAl 的室温性能脆性进而提高了涂层抗脆性冲蚀性能。温度高于 450℃时，Cr 元素因氧化冲蚀掉而消耗较大，在高温的塑性冲蚀形式下，涂层的抗冲蚀性能降低。

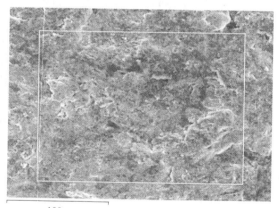

100μm

(a)

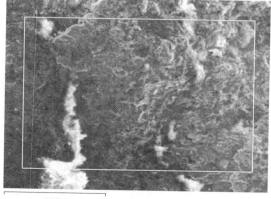

100μm

(b)

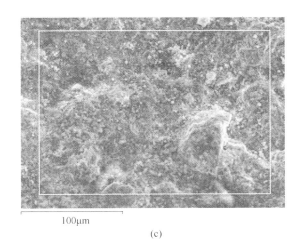

100μm

(c)

图 6-16　攻角 30°微米复合涂层的磨损表面 EDAX 分析

(a) 25℃；(b) 450℃；(c) 650℃

表 6-5　攻角 30°时微米涂层的成分（质量分数）　　　　　　（%）

温度/℃	O	Al	Cr	Fe	其余
25	19.57	19.87	12.45	35.38	12.73
450	35.88	9.50	3.19	37.03	14.40
650	44.44	11.66	3.67	17.38	22.85

6.3.2.3　冲蚀机理讨论

纳米复合涂层的冲蚀磨损机理随温度的不同而产生变化。当温度不高于 300℃时，攻角 30°的冲蚀磨损率小于攻角 90°时，纳米复合涂层表现为脆性材料冲蚀；当温度不低于 450℃时，攻角 30°的冲蚀磨损率大于攻角 90°时，纳米复合涂层表现为塑性材料冲蚀。因此，纳米复合涂层的冲蚀磨损机理同时包括脆性材料冲蚀机理与塑性材料冲蚀机理。

A　脆性材料的冲蚀理论

脆性材料冲蚀机理研究始于 20 世纪 60 年代，主要围绕着裂纹的产生和发展而进行。1966 年，Sheldon 和 Finnie 利用球状粒子对脆性材料进行冲蚀，并对整个冲蚀行为进行了研究。结果发现，只要负荷大到一定值或冲击速度足够大，被冲击靶材在入射粒子的冲击点下会出现塑性变形，附近存在缺陷的地方会萌生环状裂纹即 Hertz 裂纹，并以此为基础建立第一个脆性材料的冲蚀模型。1975 年，Lawn 和 Swin 利用多角粒子对靶材进行冲击，并研究了裂纹萌生及扩展情况。结果发现，存在两种形式的裂纹：一种是垂直于靶材的初生径向裂纹，另一种是平行于靶材的初生横向裂纹。径向裂纹使材料强度退化，横向裂纹被确认为材料损失的根源。20 世纪 70 年代末，A. G. Evans 等人提出了弹塑性压痕破裂理论，该理论成功解释了刚性粒子在较低温度下对脆性材料的冲蚀行为。该理论认为，压痕区域下形成了弹性变形区，然后在负荷的作用下，中间裂纹从弹性区向下扩展，形成径向裂纹。同时，在最初的负荷超过中间裂纹扩展的临界值时，即使后续没有负荷，材料的残余应力也会导致横向裂纹的扩展；并且推导出材料的体积冲蚀量 V 与入射粒子尺寸 r、速度 v_0、密度 ρ、材料硬度 H 及材料临界应力强度因子 K_c 之间存在如下关系：

$$V \propto v_0^{3.2} r^{3.7} \rho^{1.58} K_c^{-1.3} H^{-0.25}$$

同时，确定了开始发生断裂的临界速度 V_c，可由下式确定：

$$V_c \propto K_c^2 H^{-1.5}$$

Wiederbom 和 Lawn 根据材料硬度和接触时的最大压入深度，计算接触力，推导出与上述公式相似的关系式如下：

$$V \propto v_0^{2.4} r^{3.7} \rho^{1.2} K_c^{-1.3} H^{0.11}$$

$$V_c \propto K_c^3 H^{-2.5}$$

导出公式中硬度均仅占很小的比重。

B 塑性材料的冲蚀理论

相对于脆性材料冲蚀理论而言，塑性材料冲蚀理论起步较早，取得的进步更加显著。

I. Finnie 讨论了有足够硬度，不发生变形的刚性粒子对塑性金属的冲蚀，提出了微切削理论。此理论第一个定量描述冲蚀过程，其体积冲蚀率 V 随攻角变化的综合表达式为：

$$V = MU^2 f(\alpha)/p$$

式中 M——粒子的质量；

$\qquad$ U——粒子速度；

$\qquad$ p——粒子与靶材间的弹性流动压力。

该模型较好地解释了小攻角下刚性粒子冲击塑性材料的冲蚀规律，I. Finnie 后来对该理论在大攻角或刚性材料冲蚀偏差较大进行了修正。

$$V = cMU^n f(\alpha)/p \qquad n = 2.2 \sim 2.4$$

式中 c——粒子分数（理想模式），其余参数含义不变。

1963 年，Bitter 将冲蚀磨损分为变形磨损和切削磨损两部分。该理论认为粒子反复冲击塑性材料时产生加工硬化，从而提高材料的弹性极限。当粒子冲击靶材的冲击应力小于靶材屈服强度时，靶材只发生弹性变形；粒子冲击靶材的冲击应力大于靶材屈服强度时，就会形成裂纹。Levy 在大量实验的基础上，提出锻造挤压理论。该理论认为冲击时粒子对靶材施加挤压力，使靶材出现凹坑及凸起的唇口，随后粒子对层片进行"锻打"，在严重的塑性变形后，靶材呈片屑从表面流失。Hutchins 提出以临界应变作为冲蚀磨损的评判标准。该理论认为在冲蚀过程中材料表面会发生弹性变形，只有当形变达到临界值 ε_c 时才会发生材料流失。ε_c 在此理论中被看作材料的一种性质，由材料的微观结构来决定。Hutchins 推导出式：

$$E = 0.033\alpha\rho\sigma^{1/2}v^3/(\varepsilon_c^2 p^{3/2})$$

式中　　E——材料质量冲蚀率；

　　　　α——表征压痕量的体积分数；

　　　　ρ——靶材的密度；

　　　　σ——粒子的密度；

　　　　v——冲击速度；

　　　　p——外压。

后来，又有一些研究者对 Hutchins 模型进行了修正，更好地解释了球状粒子正向冲击方面较为成功，但与实验结果还有少许差异，尚未被普遍承认。

上述几种理论中，微切削理论、锻造挤压理论和变形磨损理论影响最大，其他较有影响的冲蚀理论还有脱层理论、压痕理论等。上述理论侧重于冲蚀的不同状态，都需进一步的研究来不断完善。

6.4　工程应用

6.4.1　高速喷涂纳米涂层工艺

制备纳米涂层前，需对修复表面进行喷砂糙化处理。用丙酮对试样清洗，除去表面的油污和其他附着物，然后对试样的喷涂面进行喷砂处理。喷砂的工艺为：棕刚玉砂料粒度 700μm（25 目），喷砂气压 0.7MPa，喷砂角度 45°，喷砂距离 200 ~ 300mm。

采用高度火焰喷涂制备纳米涂层。高速火焰喷涂设备与传统火焰喷涂设备相比，它具有以下技术优势：

（1）具有特殊的射吸式进气和螺旋混气结构，极大提高了进入喷枪燃料气体的燃烧效率，拓宽了适用的喷涂材料的范围，使运用高速火焰喷涂方法喷涂纳米涂层材料成为可能。

（2）具有特殊的气体加速设计，使喷涂粒子的飞行速度大幅度提高，缩短了喷涂粒子的飞行时间，有效避免纳米粒子的烧结、长大问题。

（3）强制气体冷却设计，可使冷却气体携带的热能返回加速室，变为加速气体，使热能得到二次利用，具备节能的特点。

（4）自动优化配置燃料气体的混合比例，自动优化喷涂的工艺参数，最大限度地保证纳米涂层的性能。

喷涂工艺参数为：氧气压力 0.75~1.0MPa，乙炔压力 0.11~0.13MPa，空气压力 0.4MPa。按照上述工艺参数对造粒后喷涂粉末进行喷涂，制备出对应的纳米复合涂层。

6.4.2　纳米涂层现场应用实例

在某电厂大修期间，针对机组受热面利用高速喷涂方法制备纳米涂层（见图6-17和图6-18）。运行3年后，对上述机组进行检查，发现纳米复合涂层的表面光滑，涂层的厚度略有下降，但余下的涂层与基体结合良好，表明涂层对管壁起到较好防护作用，其使用寿命大于3年，产生了显著的直接、间接经济效益。

扫一扫看彩图

图6-17　高速喷涂方法制备纳米涂层

扫一扫看彩图

图6-18　纳米涂层表面形貌

参 考 文 献

[1] 中国机械工程学会焊接学会．焊接手册 ［M］．3 版（修订本）．北京：机械工业出版社，2019.

[2] 徐滨士，朱绍华．表面工程的理论与技术 ［M］．北京：国防工业出版社，1999.

[3] 徐滨士．表面工程与维修 ［M］．北京：机械工业出版社，1996.

[4] 叶江明．电厂锅炉原理及设备 ［M］．3 版．北京：中国电力出版社，2010.

[5] 许江晓．电站金属实用焊接技术 ［M］．北京：中国电力出版社，2010.

[6] 姜求志，王金瑞．火电厂金属材料手册 ［M］．北京：中国电力出版社，2001.

[7] 田宝红．高速电弧喷涂 Fe_3Al/WC 复合涂层高温冲蚀行为研究 ［D］．沈阳：中国科学院金属研究所，2000.

[8] 朱子新．高速电弧喷涂 $Fe-Al/WC$ 涂层形成机理及高温磨损特性 ［D］．天津：天津大学，2002.

[9] 徐维普．高速电弧喷涂 $Fe-Al/Cr_3C_2$ 涂层研究及应用 ［D］．上海：上海交通大学，2005.

[10] 徐润生．高速火焰喷涂 $Fe-15Al/45Cr_3C_2$ 复合涂层研究及应用 ［D］．北京：装甲兵工程学院，2006.

[11] DL/T 753—2015，汽轮机铸钢件补焊技术导则 ［S］．

[12] 刘晓明，高云鹏，闫侯霞，等．3 种表面技术在轴磨损修复中的应用研究综述 ［J］．表面技术，2015，44（8）：103-109，125.

[13] 湖北省职工焊接技术协会．焊接技术能手绝技绝活 ［M］．北京：化学工业出版社，2009.

[14] 徐滨士．纳米表面工程 ［M］．北京：化学工业出版社，2004.

[15] 刘晓明．纳米 $Fe-Al/Cr_3C_2$ 复合涂层的制备及性能研究 ［D］．呼和浩特：内蒙古工业大学，2012.

[16] 刘晓明，辛勇，高云鹏．一种纳米金属复合涂层材料的制备方法和装置 ［P］．中国专利：201610001871.4，2019-07-09.

[17] 刘晓明，高云鹏，闫侯霞．载荷和温度对 $Fe-Al/Cr_3C_2$ 复合涂层摩擦磨损性能的影响 ［J］．表面技术，2016，45（11）：55-61.

[18] 刘晓明，董俊慧，韩吉伟．纳米 $Fe-Al/Cr_3C_2$ 复合涂层的制备及性能研究 ［J］．表面技术，2018，47（1）：224-229.

[19] 刘晓明，杨月红，韩吉伟，等．纳米 $Fe-Al/Cr_3C_2$ 复合涂层及其抗高温腐蚀性能 ［J］．光学精密工程，2018，26（9）：2245-2252.

[20] 刘晓明，马文，闫侯霞，等．纳米 $Fe-Al/Cr_3C_2$ 复合涂层的抗电化学腐蚀性能 ［J］．光学精密工程，2019，27（9）：1950-1959.